Shadi Zeinali
Masoud Sheikhi mehrabadi

Familiaridade com o conceito de conceção e construção assistidas por computador

Shadi Zeinali
Masoud Sheikhi mehrabadi

Familiaridade com o conceito de conceção e construção assistidas por computador

ScienciaScripts

Imprint

Any brand names and product names mentioned in this book are subject to trademark, brand or patent protection and are trademarks or registered trademarks of their respective holders. The use of brand names, product names, common names, trade names, product descriptions etc. even without a particular marking in this work is in no way to be construed to mean that such names may be regarded as unrestricted in respect of trademark and brand protection legislation and could thus be used by anyone.

Cover image: www.ingimage.com

This book is a translation from the original published under ISBN 978-620-7-47341-0.

Publisher:
Sciencia Scripts
is a trademark of
Dodo Books Indian Ocean Ltd. and OmniScriptum S.R.L publishing group

120 High Road, East Finchley, London, N2 9ED, United Kingdom
Str. Armeneasca 28/1, office 1, Chisinau MD-2012, Republic of Moldova, Europe
Printed at: see last page
ISBN: 978-620-7-97077-3

Conteúdo:

Primeiro capítulo: Sistema e atitude sistémica - O que é um sistema? 70

Capítulo Dois: O que é a análise de sistemas e quem é um analista de sistemas? ...73

O terceiro capítulo: Conhecer as etapas da análise de sistemas 78

Capítulo 4: Princípios e conceitos organizacionais 79

O quinto capítulo: Técnicas de análise de sistemas 84

Capítulo 6: Verificação do fluxo de trabalho 85

Sétimo capítulo: revisão e controlo dos formulários 88

Capítulo 8: Avaliação do trabalho Definição de avaliação do trabalho 90

Resultados 116

Referência 117

1

Familiaridade com o conceito de conceção e construção assistidas por computador (CAD-CAM)

Definição da teoria CAD/CAM

Introdução

O CAD/CAM consiste em dois conceitos de conceção, "conceção assistida por computador" e "fabrico assistido por computador", que mostra a tecnologia de utilização extensiva de computadores na conceção e produção de peças industriais variadas e complexas. Em 1980 d.C., a fim de resolver os problemas de engenharia existentes, foi proposto aos designers e fabricantes industriais a integração de dois importantes ramos da ciência mecânica nos domínios da conceção e da construção, e tem sido desenvolvido atualmente. Esta tecnologia irá gradualmente proporcionar o campo para a utilização de sistemas informáticos na conceção, controlo, gestão e planeamento da produção em pequenas e grandes fábricas no futuro, a um nível superior ao que existe atualmente.

O termo CAD/CAM inclui efetivamente o conceito completo e abrangente de conceção e produção através de sistemas informáticos. O objetivo do CAD/CAM não é apenas automatizar as fases e etapas de conceção e produção, mas também automatizar a transferência de informações e programas da fase de conceção para a fase de produção. Num bom sistema CAD/CAM, é possível aceder às informações e especificações dos desenhos anteriores e aplicar alterações e correcções para produzir novas peças. Além disso, os programas de maquinação e outros comandos de controlo necessários são automaticamente extraídos e enviados diretamente para as estações de trabalho ou para os equipamentos de controlo numérico através de componentes de comunicação.

O desenho assistido por computador pode ser considerado como a utilização eficaz da tecnologia informática para criar, aplicar alterações e correcções, analisar, otimizar e documentar um desenho industrial. Para este efeito, são utilizados sistemas informáticos compostos por vários componentes de hardware e software para realizar operações de desenho específicas exigidas pelo utilizador. O hardware de CAD inclui frequentemente um computador, um ou mais terminais visuais, um teclado e outros periféricos.

O software CAD também inclui programas de computador que são utilizados para utilizar a parte gráfica do computador para facilitar as operações de engenharia. Por exemplo, podemos referir-nos a programas de análise de tensão-deformação de

componentes mecânicos, resposta dinâmica de mecanismos, cálculos de
transferência de calor e outros problemas da ciência mecânica.

Conceção assistida por computador

A conceção assistida por computador (CAD: Computer-Aided Design) refere-se à
utilização da tecnologia informática no processo de conceção e documentação da
conceção[1]. Atualmente, muitas fases da conceção de diferentes peças e
componentes são feitas por computador. Muitas peças precisam de ser testadas em
diferentes condições e, se quisermos submetê-las a testes reais, é necessário muito
dinheiro. Esta simulação pode ser efectuada com muitos softwares diferentes.

O software de desenho assistido por computador é um software que cria e edita
formas com a ajuda de um computador. Atualmente, a maior parte do software de
desenho assistido por computador não só tem a capacidade de criar e editar mapas
2D e 3D de peças, como também tem a capacidade de verificar (analisar) peças em
termos de tensão, calor e problemas mecânicos utilizando o método dos elementos
finitos[2].

Todas as disciplinas de engenharia utilizam o seu próprio software de desenho. O
software utilizado no design arquitetónico e no design industrial é sobretudo
software gráfico. O AutoCAD, o SolidWorks, o Inventor, o Solid Edge e o Mechanical
Desktop são alguns dos softwares 3D mais utilizados no desenho arquitetónico e no
desenho industrial. Para além destes, os softwares gráficos bidimensionais, como o
Photoshop, o CorelDraw e o Freehand, também são muito utilizados. O Catia, o
UniGraphics e o Pro/Engineer são os melhores softwares gráficos utilizados, que
têm ajudado os projectistas com a possibilidade de efetuar cálculos complexos de
engenharia, tais como cálculos de tensão axial e milhares de outras capacidades
profissionais.

Construção assistida por computador

O fabrico assistido por computador ou CAM, ou fabrico assistido por computador,
significa simular o processo de fabrico num ambiente virtual e extrair os códigos
necessários para as máquinas de controlo numérico.

Esta tecnologia planeia, controla e faz avançar o processo de fabrico através da utilização de descrições informáticas e de computadores relacionados com dispositivos de fabrico de produtos. Um dos níveis mais importantes do fabrico assistido por computador é o NC, que utiliza comandos programados para controlar máquinas-ferramentas de corte, fresagem, perfuração, rebitagem, etc.

A palavra CAM é a fase em que o método de fabrico é examinado e, através de um software especial, códigos chamados G-Cod (código G) indicam à máquina quais as fases que deve percorrer para a maquinagem, que inclui as fases de desbaste e de acabamento, e através de estratégias especiais.

O fabrico assistido por computador (CAM) é a utilização de software informático para controlar máquinas-ferramentas e maquinaria relacionada na produção de peças de trabalho. Esta não é a única definição utilizada para CAM, mas é a mais comum. CAM também se refere à utilização de computadores para ajudar em todas as funções de um plano de fabrico, incluindo planeamento, gestão, transporte e armazenamento. O seu principal objetivo é criar processos de fabrico mais rápidos e componentes e ferramentas com dimensões mais precisas e maior consistência de material, o que, em alguns casos, utiliza apenas a quantidade de matérias-primas necessárias (minimizando assim o desperdício), ao mesmo tempo que reduz o consumo de energia. Atualmente, o CAM é o sistema utilizado nas escolas e reduz os objectivos educativos.

Visão geral

Tradicionalmente, a CAM é considerada como uma ferramenta de programação de controlo numérico (NC), em que os modelos 2D (D-2) ou 3D (D-3) de componentes organizados em CADAs com outras tecnologias assistidas por computador, a CAM requer profissionais E não elimina os especialistas, tais como engenheiros de produção, programadores NC, ou maquinistas (fabricantes), na verdade, a CAM tanto valoriza mais profissionais de produção através de ferramentas de produção avançadas, como desenvolve novas competências de especialistas através da observação. A CAM é uma ferramenta de simulação e otimização.

Domínios conexos específicos

- Máquinas de alta velocidade, incluindo linhas de caminho de ferro equipadas com instrumentos

- Máquinas multitarefas

- Máquinas de 5 eixos

- Reconhecimento de caraterísticas e semelhança com a máquina

- Tendências do fabrico de automóveis

- Fácil de utilizar

Corrigir os defeitos e as deficiências do passado

Isto acontece principalmente em três domínios:

1. Fácil e cómodo de utilizar

2. Complexidade da produção

3. Integração com o PLM e com o Enterprise Wide

4. Fácil de utilizar

5. Para o utilizador que está a iniciar-se como utilizador CAM, as capacidades fora do âmbito, os assistentes de processos, os modelos, as bibliotecas, os kits de máquinas-ferramenta, as caraterísticas automáticas baseadas na maquinação e a funcionalidade específica do trabalho proporcionam confiança e rapidez ao utilizador. Cria uma curva de aprendizagem. A maior confiança do utilizador na visualização 3D é conseguida através de uma maior integração com o ambiente CAD 3D, incluindo optimizações e simulações e prevenção de erros.

6. Complexidade da produção O ambiente de produção é cada vez mais complexo. A necessidade de ferramentas PLM e CAM por parte do engenheiro de fabrico, do maquinista ou do programador NC é semelhante à necessidade de assistência informática por parte dos sistemas de aviação modernos. As máquinas modernas não podem ser utilizadas corretamente sem esta ajuda. Os actuais sistemas CAM suportam uma gama completa de máquinas-ferramentas, incluindo rotativas, maquinagem de 5 eixos e EDM de fio. O utilizador CAM atual pode facilmente organizar percursos de ferramenta eficientes. A integração com o PLM e o LM de toda a empresa, integrando o fabrico com as funções da empresa, é o conceito de apoio à área de fabrico final. As soluções CAM modernas são totalmente integradas a partir de um único sistema CAM num conjunto de soluções 3D multi-CAD para garantir a facilidade de utilização e a adequação aos objectivos do utilizador. Estas soluções são concebidas para satisfazer as necessidades do pessoal de produção,

incluindo a programação, a documentação de compras, a gestão de recursos e a gestão e intercâmbio de informações. para evitar que estas soluções retenham informações pormenorizadas específicas das ferramentas numa gestão de ferramentas válida.

7. Processo de maquinagem A maioria dos processos de maquinagem depende do software e dos materiais disponíveis em várias etapas, cada uma das quais é implementada por uma série de estratégias básicas e complexas. Estas etapas são: 8. Desbaste Esta etapa começa com o material bruto, também conhecido como tarugo, que é muito difícil de cortar para formar o modelo final. Na fresagem, o resultado muitas vezes dá a aparência de ranhuras, pois esta estratégia tem a vantagem de poder cortar o modelo horizontalmente. As estratégias comuns incluem: apagamento em ziguezague, apagamento compensatório, desbaste de mergulho, desbaste de repouso. 9. Semi-acabado Este processo começa com uma peça dura que simula o modelo de forma desigual e é separada do modelo a uma distância fixa. Um caminho semi-acabado deve remover uma pequena quantidade de material para que a ferramenta possa ser removida corretamente quando terminada, mas não tão pouco que a ferramenta e o material se reflictam em vez de se enviarem. As estratégias mais comuns incluem: trajectórias raster, trajectórias de linha azul, trajectórias de tendência constante, modelação pecil.

10. Acabamento A conclusão consiste em percorrer lentamente o material em passos muito finos para completar a secção final. Finalmente, a fase entre uma trajetória e outra é mínima. A amplificação é baixa e as velocidades axiais são fornecidas para criar uma superfície adequada. 11. Fresagem de contorno Em aplicações de fresagem em hardware de 5 ou mais eixos, pode ser efectuado um processo de acabamento separado denominado contorno. Em vez de descer em incrementos apropriados para uma superfície aproximada, uma peça de trabalho roda para cortar superfícies da ferramenta para as caraterísticas apropriadas da peça. Isto cria um excelente acabamento de superfície com elevada precisão e dimensionalidade.

Uma ou mais estações de desenho:

É a interface entre o sistema CAD e o utilizador e inclui uma série de equipamentos de entrada e terminais gráficos. Estas estações devem ser capazes de executar diferentes fases do processo de desenho, receber comandos de entrada do utilizador, visualizar informações e produzir ficheiros gráficos para o utilizador. O equipamento de entrada de dados de um sistema CAD inclui muitas vezes um teclado, um bloco eletrónico, uma caneta de luz, um rato, etc., para introduzir informações sob a forma de funções gráficas especiais.

Processador:

É a lógica da calculadora do computador, que também é conhecida como CPU. Este processador efectua todos os cálculos matemáticos necessários para a modelação geométrica, análise de engenharia e outros cálculos relacionados com as funções de processamento de informação no processo de desenho assistido por computador.

Dispositivos de saída:

O controlo de todos os componentes, incluindo as memórias de armazenamento de informação e os dispositivos de saída, é feito pela CPU. Nos últimos anos, têm sido envidados muitos esforços para que o processo de conceção assistida por computador passe a utilizar pequenos sistemas CAD de elevada eficiência, de modo a que todas as funções operacionais desses processos possam ser implementadas por computadores pessoais (PC).

Podem ser mencionadas várias razões para utilizar um sistema de conceção assistida por computador para apoiar as operações de conceção de engenharia.

- Aumentar o nível das capacidades e aptidões de conceção e ajudar a reduzir o tempo necessário para a análise da conceção concetual por parte do designer.

- Melhorar a qualidade do projeto através da utilização de hardware e software potentes e ajudar a realizar análises de engenharia e prestar atenção a um número maior e mais diversificado de projectos diferentes.

- Otimizar a documentação dos planos em comparação com os métodos manuais, beneficiando de diferentes normas nos mapas, conseguindo uma menor percentagem de erros.

- Criação de uma base de informações na fase de preparação dos documentos de conceção das peças, tais como as dimensões dos componentes, a lista dos materiais de fabrico, as caraterísticas geométricas das peças e as suas caraterísticas físicas.

Qualquer processo de fabrico automático que seja controlado por um computador é designado por CAM. (Fabrico Assistido por Computador).

Foi desenvolvido com base no progresso das máquinas de controlo numérico NC nas décadas de 1940 e 1950. Atualmente, o CAM abrange vários processos de fabrico automático. Como a fresagem, o torneamento, o corte por chama, o corte por laser, a perfuração, a soldadura por pontos e o corte por fio. A expansão simultânea de robôs controlados por computador e de fábricas automatizadas levou ao desenvolvimento de unidades de fabrico completas, de sistemas sob controlo informático central e, finalmente, ao que é conhecido por uma filosofia designada por (Sistema de Fabrico Flexível) FMS, e a palavra CAM surge desta coleção. e tecnologia de fabrico sob controlo informático. O fabrico assistido por computador (CAM) pode ser considerado como a utilização eficaz da tecnologia informática para planear, gerir e controlar a construção de uma estrutura ou de um equipamento em relação direta ou indireta com os meios de produção. O processo de produção assistida por computador pode ser dividido em dois formatos básicos:

A) Planeamento da produção:

Uma operação da CAM que está relacionada com o planeamento da produção. Existem operações em que o computador é utilizado indiretamente para apoiar a produção, mas não existe uma ligação direta entre o computador e o processo de produção. Por outras palavras, nestes casos, o computador é utilizado off-line e apenas para preparar informações para o planeamento e gestão das actividades de produção.

Algumas destas funções são:
Conceção e Planeamento de Processos Assistidos por Computador (CAPP)
2. Fornecer informações sobre a maquinabilidade dos materiais
3. Preparação e extração de programas de maquinagem de controlo numérico em diferentes linguagens, incluindo:
- Controlo do movimento da ferramenta em operações de fresagem e torneamento CNC
- Alargar a aplicação de normas adequadas no planeamento da produção, como a estimativa e o fornecimento de tempo
- Norma necessária em diversas actividades de produção
- Criar equilíbrio no posicionamento de peças numa linha de montagem
- Planeamento da produção, fornecendo uma lista da combinação e sequência de operações necessárias para produzir um produto especial, mantendo os produtos no armazém, planeando a encomenda dos materiais necessários, etc.

b) Controlo da produção:

A segunda categoria de funções CAM são as operações em que o computador é diretamente utilizado para controlar o processo de produção. Estas actividades incluem a gestão e o controlo das operações físicas na fábrica, incluindo o controlo do processo, o controlo da qualidade, o controlo das actividades de oficina e de armazenamento, o acompanhamento e a supervisão da execução do processo, etc. Atualmente, a utilização do controlo de processos assistido por computador em muitos sistemas automáticos de produção industrial, incluindo linhas de transferência, sistemas de montagem, máquinas de controlo numérico, robótica, transporte de materiais e sistemas de fabrico flexíveis (FMS), tornou-se comum. O controlo de processos assistido por computador tornou-se comum.

Os componentes mais importantes da CAM:

A) Programação CNC e técnicas de produção
b) Montagem e fabrico de robótica sob controlo informático
c) Sistemas de fabrico flexíveis (FMS)
T) técnicas de inspeção e exame assistidas por computador (CAI)
c) técnicas de teste assistidas por computador (CAT).

Vantagens da CAM:

A) Programação CNC e técnicas de produção
b) Montagem e fabrico de robótica sob controlo informático
c) Sistemas de fabrico flexíveis (FMS)
T) técnicas de inspeção e exame assistidas por computador (CAI)
c) técnicas de ensaio assistido por computador (CAT). Vantagens da CAM:

A) Maior taxa de produção com menos energia de trabalho

b) Menos erros humanos e aumento do fator de confiança
c) Maior flexibilidade na construção
t) Redução de custos através do aumento da eficiência do fabrico (menos resíduos de materiais) e do aumento da eficiência dos recursos e da montagem
e) Capacidade de repetir processos de produção através da memorização de informações
c) Maior qualidade dos produtos

O conjunto completo de técnicas CAD e CAM num processo de produção é designado por CAD-CAM. Por exemplo, a forma da peça é desenhada num ecrã VDU com dados gráficos e depois convertida em sinais eléctricos em cabos ligados a sistemas de fabrico, sendo depois a peça produzida automaticamente numa máquina CNC.

O papel do CAD/CAM no ciclo de produção:

Para compreender a importância e dar uma perspetiva da vasta gama da tecnologia CAD/CAM nas operações de produção, convém avaliar aqui as várias actividades que devem ser realizadas na conceção e produção de um produto.
De acordo com o grupo de clientes e o mercado de vendas do produto, podem existir diferenças no ciclo de produção, por exemplo, o produto pode ser concebido pelo cliente e produzido por outro fabricante, ou tanto a conceção como o fabrico podem ser efectuados pela mesma empresa de produção. No entanto, este ciclo começa com uma ideia de produção. Esta ideia, após refinamento e análise, é optimizada e transforma-se num plano de produção para entrar na fase de projeto de engenharia. É derivado. Após o fim da fase de conceção, iniciam-se as actividades seguintes, ou seja, o fabrico do produto.
O planeamento do processo é efetivamente organizado de forma a que as etapas sequenciais das operações necessárias para fabricar as peças sejam bem apresentadas. Em alguns casos, é necessário utilizar novos equipamentos e ferramentas para produzir novos produtos, que podem ser utilizados num ciclo de produção de acordo com a necessidade.
Na segunda fase do planeamento da produção, é analisada a necessidade de fabricar um determinado número de peças num determinado período de tempo, quando todas estas fases tiverem sido ultrapassadas, a peça entra na

fase final de produção, após o que é sujeita a operações de controlo de qualidade e depois entregue ao cliente.

Como se pode constatar, o CAD/CAM estendeu a sua sombra a todas as operações do ciclo de produção. Nos processos e métodos de conceção modernos, o computador tornou-se um instrumento penetrante, útil e simultaneamente indispensável. De um ponto de vista estratégico e concorrencial, é muito importante para os industriais e para as pessoas ao serviço da produção conhecerem o CAD/CAM e os seus aspectos subtis e práticos.

A relação entre automatização e CAD/CAM

A automatização é a tecnologia que utiliza a mecânica, a eletrónica e os sistemas informáticos no funcionamento e controlo do processo de produção.

Nesta secção, é discutida a relação entre a automatização e o CAD/CAM.

A este respeito, as operações de produção podem ser divididas nas quatro categorias seguintes, do ponto de vista do número e da variedade da produção:

Processos de fluxo contínuo (processos de fluxo contínuo) Produção em massa Produção por lotes

- Produção individual de peças especiais (produção em oficina)

Atualmente, a maioria dos sistemas automáticos utiliza computadores. Historicamente, a tecnologia de automação é anterior à tecnologia informática moderna. Os exemplos existentes de mecanismos e linhas de fluxo semi-automáticos relacionados com os primeiros dias da produção da indústria automóvel são uma prova desta afirmação, pelo que esta estreita ligação entre os computadores digitais e a automação na produção, no passado, nunca esteve disponível e foi utilizada na forma atual, pelo que se pode dizer que a utilização de computadores no domínio da construção e da produção só se generalizou no início da década de 1960.

À medida que o custo dos computadores diminui e as suas capacidades aumentam, a possibilidade de os utilizar no domínio da conceção, construção e produção tem vindo a desenvolver-se de um ponto de vista económico. O objetivo comum da utilização do CAD/CAM e da automatização é reduzir o tempo do ciclo de produção dos produtos e melhorar a sua vida útil.

O que é? O que é o CAE? O que é CAM? O que são cada uma destas abreviaturas e qual é a diferença entre elas? A primeira coisa a saber sobre estes três termos são as duas primeiras letras de cada abreviatura. "CA" significa Computer-Aided (Assistido por Computador), o que significa que todos os três sistemas utilizam o poder dos computadores para o processamento, ajudando o utilizador a atingir o seu objetivo mais rapidamente. A última palavra é Design para CAD, Engineering para CAE e Manufacturing para CAM. Estes são programas de software de engenharia e produção. Cada um tem o seu próprio objetivo. Este artigo apresenta uma visão geral dos três sistemas, da forma como são utilizados e dos seus objectivos gerais.

Conceção assistida por computador (CAD)

Um programa CAD é uma tecnologia informática que concebe um produto e documenta a fase de conceção do processo de engenharia. O CAD pode facilitar o processo de fabrico, transmitindo diagramas detalhados de materiais, processos, tolerâncias e dimensões do produto. Pode ser utilizado para gerar gráficos 2D ou 3D, que podem ser visualizados de qualquer ângulo, mesmo de dentro para fora. O desenho assistido por computador refere-se à utilização de sistemas informáticos para ajudar a criar, modificar e otimizar desenhos. O CAD é frequentemente considerado um programa de software de engenharia.

Vantagens do software de desenho assistido por computador

1. Aumentar a produtividade da engenharia
2. Melhorar a qualidade da conceção
3. Melhorar a comunicação através da documentação
4. Criar uma base de dados para produção

O resultado do CAD é frequentemente sob a forma de ficheiros electrónicos para impressão, maquinagem ou outras operações de fabrico.
Os programas CAD modernos para desenho mecânico utilizam gráficos vectoriais para os objectos ou podem produzir uma imagem gráfica que mostre o aspeto geral dos objectos de desenho. No entanto, os programas de software de engenharia precisam de mais do que apenas insectos. Tal como acontece no desenho manual ou nos desenhos técnicos e de engenharia, o resultado dos programas CAD deve transmitir informações como materiais, processos, dimensões e tolerâncias, de acordo com os requisitos específicos da aplicação. O CAD é amplamente utilizado em muitas aplicações nas principais indústrias, incluindo a indústria automóvel, a construção naval e aeroespacial, a arquitetura, os membros artificiais, etc. O CAD é

também muito utilizado para produzir animação por computador para efeitos especiais em filmes, anúncios e manuais técnicos, frequentemente designados por DCC (criação de conteúdos digitais). O CAD é uma importante força motriz da investigação em geometria computacional, computação gráfica e geometria discreta.

Aplicações modernas de CAD

O desenho assistido por computador é uma das ferramentas utilizadas por engenheiros e designers e é utilizado de muitas formas, dependendo da profissão do utilizador e do tipo de software. O CAD faz parte das actividades de desenvolvimento digital de produtos (DPD) nos processos de gestão do ciclo de vida dos produtos (PLM) e, como tal, os programas CAD são utilizados juntamente com outras ferramentas, que são módulos integrados ou produtos autónomos, como o :

1. Engenharia assistida por computador (CAE)
2. Fabrico assistido por computador (CAM)
3. Renderização realista
4. Gestão de documentos e controlo de revisões através da gestão de dados de produtos (PDM) O CAD também se revelou útil para os engenheiros graças às quatro caraterísticas seguintes:
1. História
2. Possibilidades
3. Definição dos parâmetros
4. Restrições de alto nível

O histórico de construção pode ser utilizado para examinar caraterísticas únicas do modelo e trabalhar na unidade em vez de no modelo completo. Os parâmetros e as restrições podem ser utilizados para determinar o tamanho, a forma e outras propriedades de vários elementos de modelação.

Quem utiliza a conceção assistida por computador?

Segue-se uma lista de algumas das pessoas com maior probabilidade de utilizar CAD nas suas funções:

- Arquitectos
- Engenheiros civis

- Engenheiros electrotécnicos
- Diretor de instalações
- Designers de interiores
- Engenheiros mecânicos
- Engenheiros de estruturas
- Topógrafos
- Engenheiros de produção
- Engenheiros acústicos
- Engenheiros de proteção contra incêndios
- Designers de serviços alimentares

A lista continua. O desenho assistido por computador é utilizado em muitas indústrias, incluindo a aeroespacial, a automóvel, a têxtil, a eletrónica e muitas outras. O desenho assistido por computador permite às empresas testar ideias modeladas antes de implementar protótipos físicos. Os programas de software de engenharia são utilizados principalmente por engenheiros.

O software de desenho assistido por computador mais importante

Até à data, foram produzidos em todo o mundo centenas de programas informáticos de desenho assistido por computador ou CAD. Mas se quisermos apresentar os mais famosos e importantes, temos de mencionar os seguintes:

Autocad: Especial para desenho e projeto bidimensional Solidworks: Desenho e modelação 3D, montagem e desenho industrial Inventor: desenho mecânico Catia: desenho completo de zero a cem

Análise de engenharia assistida por computador (CAE)

CAE é a utilização generalizada de software informático para ajudar nas tarefas de análise de engenharia. Os programas de software de engenharia incluem a análise de elementos finitos (FEA), a dinâmica de fluidos computacional (CFD), a dinâmica multicorpos (MDB) e a otimização. Os programas de software de engenharia concebidos para apoiar estas actividades são considerados ferramentas CAE. Por exemplo, as ferramentas CAE são utilizadas para analisar a resistência e o desempenho de componentes e conjuntos. Este termo inclui simulação, validação e otimização de produtos e ferramentas de produção. No futuro, os sistemas CAE serão os principais fornecedores de informação às equipas de design para as ajudar a tomar decisões. Relativamente às redes de informação, cada sistema CAE é considerado um nó em toda a rede de informação e cada nó pode interagir com outro nó da rede.

Estes nós desempenham um papel importante no método dos elementos finitos, que utiliza a geometria do modelo existente para construir uma rede de nós ao longo do modelo. Esta rede é depois utilizada para determinar o desempenho do modelo no mundo real, com os parâmetros de entrada que a peça irá experimentar.

Os seguintes parâmetros são normalmente utilizados em engenharia mecânica para simulações CAE:

1. temperatura
2. Pressão
3. Interações dos fragmentos
4. Forças aplicadas

Parâmetros importantes na análise assistida por computador

A maioria dos parâmetros utilizados na simulação baseia-se no ambiente e nas interações que o modelo experimenta durante o funcionamento. Estes parâmetros são introduzidos no software CAE como forma de verificar se a peça pode, teoricamente, suportar as restrições do projeto. Os sistemas CAE podem fornecer apoio às empresas. Isto é conseguido através da utilização de arquitecturas de referência e da sua capacidade de criar visões informativas sobre os processos empresariais. A arquitetura de referência é a base do modelo de informação, especialmente dos modelos de produto e de produção.

Os domínios abrangidos pelo CAE incluem:

1. Análise de tensões na montagem de componentes utilizando a FEA
2. Análise térmica e do fluxo de fluidos utilizando CFD
3. Dinâmica multicorpos (MBD) e cinemática
4. Ferramentas de análise de simulação de processos de fabrico
5. Otimizar a documentação do processo
6. Otimizar o desenvolvimento de produtos
7. Confirmação inteligente de não conformidade

8. Análise de segurança de conjuntos

Em geral, há três etapas em qualquer tarefa de engenharia assistida por computador:

1. Pré-processamento: definição do modelo e dos factores ambientais a aplicar.
2. Solucionador de análise
3. Pós-processamento dos resultados

Os softwares de análise computacional mais importantes incluem Abaqus, Ansys, Adams e Creo Elements.

Fabrico assistido por computador (CAM)

O fabrico assistido por computador é a utilização de software informático para controlar máquinas-ferramentas e máquinas relacionadas no processo de produção. Tecnicamente, não se trata de um sistema para programas de software de engenharia, mas mais para maquinistas no sector da produção. Mas os engenheiros também lidam frequentemente com este sistema. CAM pode também referir-se à utilização de computadores para ajudar em todas as operações de uma fábrica, incluindo planeamento, gestão, transporte e armazenamento. O seu principal objetivo é criar um processo de produção mais rápido e peças e equipamentos com dimensões e coordenação de materiais mais precisas. O CAM é conhecido como um processo assistido por computador, por vezes utilizado depois do desenho assistido por computador (CAD) e da engenharia assistida por computador (CAE), porque um modelo produzido em CAD e verificado em CAE pode entrar no software CAM que controla as máquinas-ferramentas.

Utilização de CAM para máquinas de controlo numérico computorizado (CNC)

CAM é o código de software por detrás das máquinas que produzem os produtos. As máquinas CNC são máquinas que utilizam códigos CAM para produzir produtos. As máquinas CNC incluem:

- Rebarbas

- Máquinas de torno

Escritores

- Afiadores de superfície

- Máquinas de soldar

- Produzir descargas eléctricas

Tudo o que um operador deve ser capaz de fazer com máquinas-ferramentas convencionais pode ser programado com máquinas CNC. O CAM fornece instruções passo a passo que as máquinas-ferramentas seguem para produzir um produto. Antes do CAM, os maquinistas tinham de introduzir manualmente o código antes de executarem o programa. Esta introdução manual pode ser problemática dada a complexidade do produto final. A CAM facilita este processo ao utilizar um software inteligente para desenvolver o código com base numa plataforma de interface gráfica do utilizador. Isto permite que o código de produção seja gerado para a máquina CNC com um simples clique no processo pretendido. O PowerMILL e o Mastercam podem ser mencionados entre os softwares de fabrico assistido por computador mais importantes e mais utilizados.

Funcionam em conjunto? CAD, CAE e CAM como

É necessário um programa CAD moderno para utilizar programas de software de fabrico CAM ou programas de software de engenharia CAE, porque ambos os sistemas requerem um modelo para efetuar operações de análise ou produção. O CAE necessita do modelo geométrico para determinar a rede de nós integrados a utilizar na análise. O CAM requer a geometria da peça para determinar as trajectórias e os cortes da máquina-ferramenta. Ambos requerem CAD, mas o CAD pode ser utilizado como um sistema separado para modelos virtuais de engenharia. O CAD suporta o CAM ou o CAE e é necessário para que estes funcionem corretamente. Cada um destes softwares é uma ferramenta poderosa para engenheiros e maquinistas e torna o seu trabalho diário mais fácil e mais eficiente. A sua utilização correta trará óptimos benefícios para as pessoas e empresas que os utilizam.

SolidWorks

- uma caraterística baseada,
- com base na história,
- associativo,
- paramétrico

    – Programa CAD 3D

- Modelação "baseada em caraterísticas" significa
    - construir o modelo identificando gradualmente formas funcionais e aplicando processos para criar as formas
    - Muitos tipos de caraterísticas diferentes no SolidWorks permitem-lhe criar tudo, desde a geometria mais simples a formas artísticas ou orgânicas mais complexas.
    - caraterísticas mais comuns

- O SolidWorks também se baseia na história
    - um painel no lado esquerdo da janela do SolidWorks chamado *FeatureManager*
    - O FeatureManager mantém uma lista das caraterísticas pela ordem em que foram adicionadas
    - permite-lhe reordenar os itens na árvore (de facto, alterar o histórico)
    - a ordem em que as operações são efectuadas é importante

1. Criar um esboço.

2. Faça a extrusão do esboço.

3. Crie um segundo esboço.

4. Faça a extrusão do segundo esboço.

5. Cria um terceiro esboço.

6. Extrusão Corte o terceiro esboço.

7. Aplicar os filetes.

8. Concha o modelo.

- **Esboço com parametria**
    - O esboço é a base que sustenta os tipos de caraterísticas mais comuns.
    - desenhar num software paramétrico é muito diferente de desenhar linhas em CAD 2D
- **Os esboços do SolidWorks são paramétricos**
    - pode criar esboços que se alteram de acordo com determinadas regras, e
    - manter relações durante essas mudanças

— Vai para além do esboço e abrange todos os tipos de
geometria que pode criar no SolidWorks
— Criar esboços e caraterísticas com inteligência é a base do
conceito de Intenção de Design

- O SolidWorks tem três tipos de ficheiros de dados principais:
    — peças,
    — montagens, e
    — desenhos
- **Face**
A superfície ou "pele"
de uma peça. As faces podem
ser planas ou curvas, podem ser analíticas ou paramétricas

  - **Aresta**
  O limite de
  uma face. As arestas podem
  ser rectas ou curvas,
  podem ser analíticas ou paramétricas
- **Vértice**
O canto onde
as arestas se encontram

Ampliar ou reduzir a vista de um modelo na área de gráficos.

- <u>**Zoom para Ajustar**</u> **- apresenta a peça de modo a preencher a janela atual.**
- <u>**Zoom para área**</u> **- aumenta a área de uma parte da vista que selecionou
arrastando uma caixa delimitadora.**
- <u>**Mais e menos zoom**</u> **- arraste o ponteiro para cima para aumentar o zoom.
Arraste o ponteiro para baixo para diminuir o zoom.**
- <u>**Zoom para seleção**</u> **- a vista é ampliada de modo a que o objeto
selecionado preencha a janela.**

**Altera o ecrã de visualização para corresponder a uma das orientações de
visualização padrão.**
  - **Frente**
  - **Certo**
  - **Fundo**
  - **Isométrico**
- **Topo**
- **Esquerda**
- **Voltar**

- **Normal a
(plano selecionado
ou face plana)**

- **As vistas mais frequentemente utilizadas para descrever uma peça são:**

    – **Vista superior**
    – **Vista frontal**
    – **Vista direita**
    – **Vista isométrica**
- **Visualizar o modelo
ou desenho através de
uma, duas ou quatro
janelas de visualização**

Vista de ligação ?

- **Apresenta a peça com a altura, largura e profundidade igualmente
encurtadas.**
    – **Pictórica e não ortográfica.**
    – **Mostra as três dimensões -
altura, largura e profundidade.**
    – **Mais fácil de visualizar do que
as vistas ortográficas.**

- **As dimensões especificam o tamanho do modelo.**

Para criar uma dimensão:
  1. **Clique em <u>Dimensão</u> na barra de ferramentas Relações de esboço.**
  2. **Clique na geometria 2D.**
  3. **Clique na localização do texto.**
  4. **Introduzir o valor da dimensão.**

CIM e planeamento de processos assistido por computador

Aqui, sobre o processo armazenado no computador, são feitas as alterações
necessárias para tornar o trabalho mais simples, mais eficaz e mais rápido; 2- CIM e
sistemas de controlo: O NC fornece métodos para controlar máquinas e processos e
não é um método de processo de produção em si; 3- CIM e robôs: há uma
flexibilidade significativa em tais sistemas, eles podem ser usados em condições de
incerteza; 4- CIM e controle de estoque, o controle de estoque foi a primeira

atividade que foi mecanizada, mas devido à conexão de diferentes dados, incluiu todas as operações de vendas, produção, finanças, etc., é claro, com a idéia principal de que "informações comuns sobre Todas as atividades devem ser usadas". 5- CIM e mão de obra: embora as CIMs sejam totalmente automáticas, necessitam também de pessoal para a gestão, manutenção e reparação, programação e outros serviços; 6- CIM e transporte de materiais: No CIMS, são propostos dois tipos de sistemas de transporte primário e secundário, que conduzem a uma maior flexibilidade, utilização optimizada do espaço, redução dos desperdícios de transporte, etc., 7- CIM e qualidade: nesta ótica, a qualidade é o cumprimento consistente das expectativas do cliente em função da sua qualidade; 8- CIM e comunicação: a comunicação é a transferência de dados entre os componentes do sistema; Numa fábrica, para implementar o CIMS, para além de contar com o apoio de todos os envolvidos, especialmente dos gestores, e com formação na utilização de computadores, e tendo em conta as estratégias, a concorrência, os contextos comercial, técnico e humano, são dados os seguintes passos:

Atualmente, nos sistemas de gestão da produção, evoluir significa tentar integrar os sistemas de gestão e de negócios com as actividades de engenharia e a nível da fábrica. (Figura 1) Por outras palavras, os sistemas integrados de produção informatizada podem ser considerados como as funções dos materiais e da informação. No triângulo representado na Figura (1), CAD significa CONCEPÇÃO AJUDADA POR COMPUTADOR.), fabrico assistido por computador (COMPUTER AIDED MANUFACTURING) e CAE são actividades de engenharia assistidas por computador (COMPUTER AIDED MANUFACTURING). Quando surge a questão da produção de um produto, este pode ser desenhado de uma determinada forma com a ajuda do sistema CAD. Depois de o objeto estar completamente definido matematicamente no CAD, o CAE é utilizado como simulação. O fabricante de peças móveis e o analisador de impacto de diferentes choques e cargas possíveis trabalham. Em seguida, no CAM, as informações de vários itens e as caraterísticas das matérias-primas são enviadas para o sistema de planeamento empresarial (BUSINESS PLANNING SYS.), a fim de serem tomadas as medidas necessárias para preparar as matérias-primas necessárias para a produção.

Por conseguinte, o CIMS não é apenas a interface física de muitos computadores dentro da empresa, mas também uma função de gestão abrangente de dados, informações e da empresa como um todo, reconhecendo a nossa relação entre áreas interdependentes e colocando-as. Está a caminho da rentabilidade. A Figura (2) mostra que, ao adicionar actividades comerciais ao conjunto CAD/CAM, teremos um ciclo de fluxo de trabalho CIMS apresentado na Figura. (3)(Ver imagem na página) De um modo geral, o processo de aplicação do CIMS é classificado da seguinte forma * maior utilização de máquinas; * redução da mão de obra direta e indireta; * redução do tempo de entrega da produção; * diminuição do nível de estoque atual; * flexibilidade no planejamento; * redução significativa do desperdício causado pelo transporte; * aumento do grau de confiabilidade dos produtos; * capacidade de trabalhar em plena luz (24 horas). Neste artigo, na segunda parte, é analisado o lugar do computador nestes sistemas. Na terceira parte, é analisada a relação entre o CIMS e várias operações comerciais. A quarta secção é dedicada à implementação e às etapas da implementação do CIMS. A quinta secção é também dedicada à conclusão.

2-Localização do computador num CIMS Nos sistemas CIM, o computador tem duas caraterísticas poderosas: a) flexibilidade no planeamento de casos variáveis direta e indiretamente; b) otimização imediata e direta momento a momento. Estas duas caraterísticas não se aplicam apenas aos componentes de hardware do sistema, mas também aos seus componentes de software e não apenas a diferentes partes da atividade de produção, mas a todo o sistema de produção.

O computador de uma CIM realiza as seguintes actividades

* Controlo da máquina; esta atividade é frequentemente realizada através de CNC; Controlo numérico direto (DNC); Controlo da produção: Na zona de carga e descarga, é colocada uma DATA ENTRY UNIT ou, por outras palavras, uma DEU para comunicar entre o computador e o operador. *Controlo de tráfego; O controlo de tráfego é feito através das chaves localizadas nos pontos de ramificação e nos pontos depreciados; *Controlo de tráfego (SHUTILE CONTROL); Todo o sistema de tráfego deve ser a interface física dos computadores da empresa com os sistemas informáticos de produção integrados e criar ligações mais rentáveis entre áreas afins. O sistema de transporte deve ser compatível com o desempenho das máquinas em causa; * Supervisão do sistema de transporte; * Controlo de ferramentas; esta atividade implica o acompanhamento das ferramentas em cada estação e a monitorização do tempo de vida das ferramentas; * Monitorização e elaboração de relatórios do sistema de desempenho.

3- CIMS e operações comerciais

Nesta secção, é feita uma breve análise da posição de vários factores empresariais no CIMS. Os factores empresariais investigados são os seguintes 3-1) planeamento de processos assistido por computador (COMPUTER AIDED PROCESS PLANNING) ou

CAPP; 3-2) sistemas de controlo numérico (NUMERICAL CONTROL SYS.); 3-3) robôs (ROBOTICS); 3-4) controlo de inventário (INVENTORY CONTROL); 3-5) força de trabalho (HAMAN LABOR); 3-6) manuseamento de materiais (MATERIAL HANDLING); 3-7) Qualidade (QUALITY);

COMUNICAÇÕES

Em seguida, cada um destes factores será explicado. 1-3 Planeamento de processos com a ajuda do computador

Para simplificar a atividade de planeamento de processos e realizar esta atividade de uma forma mais eficiente e eficaz, é possível obter ajuda do computador. Através do CAPP, o planeador pode escolher os programas adequados e fazer as alterações necessárias em função das necessidades. - de fazer nele. Assim, a posição do CAPP - com o objetivo de aumentar a produtividade - está necessariamente entre o CAD e o CAM e relacionada com a tecnologia de grupo (GROUP TECHNOLOGY) ou, por outras palavras, GT. O CAPP é também utilizado como processador e simplificação de ficheiros de funções de gestão, e os aspectos administrativos do planeamento de processos avançam mais rapidamente e, naturalmente, de forma mais eficiente. Em geral, no planeamento de processos, as definições de peças, processos, produção, máquinas, etc. são introduzidas no sistema informático e o sistema de programas apresenta um novo processo como saída. Este programa não tem nada a ver com os programas iniciais e, teoricamente, o fundo dos programas não é limitado. A aplicação do CAPP tem muitas vantagens, incluindo o facto de ajudar o fabricante a reduzir os custos de produção e os prazos de entrega, utilizando melhor o seu equipamento de capital. É de notar que, num ambiente em que o CAM é totalmente utilizado, os processos de fabrico automatizados (ver imagem da página) em curso podem ser considerados parte do CIM, em que todos os planos e actividades de produção estão ligados a sistemas informatizados.

3-2 CIM e sistemas de controlo numérico

No ambiente CIM, os sistemas automáticos programáveis fornecem métodos para ajustar os capitais de informação e os capitais fixos da empresa de fabrico. Atualmente, a capacidade de compreender as mudanças na produção é importante para todos os níveis de gestão. Para o efeito, é necessário dispor de informações exactas e atempadas sobre os processos de produção actuais e as normas industriais e empresariais utilizadas em relação aos dados e à tecnologia. Tanto as normas como a informação (a sua qualidade e disponibilidade) são os pontos-chave de sistemas NC bem sucedidos. A base da gestão dos recursos de informação necessária para apoiar o ambiente CIM é apresentada na Figura (4). Em geral, o significado de controlo numérico é o controlo de processos através da utilização de figuras e símbolos. É muito importante que o controlo numérico forneça métodos de controlo de máquinas e processos e não seja um método de processo de produção em si mesmo. Rasta - significa o método do processo de produção - foram utilizados CNCs, DNCs, sensores e automação flexível (FLEXIBLE AUTOMATION). A flexibilidade esperada da automatização programável ao nível da fábrica resulta do planeamento estratégico. Existe em muitas unidades de produção.

Qual é o conteúdo do modelo de injeção CAPP? Como é que é classificado?

O termo molde de injeção CAPP processo de conceção assistida por computador, planeamento também chamado "significa a tecnologia do processo de conceção por computador, sistema e método científico para determinar o processo tecnológico de todas as peças, desde o espaço em branco até ao produto acabado.

(1) O principal conteúdo da moldagem por injeção CAPP CAPP é a utilização de processamento de informação informática e vantagens de gestão, a utilização de tecnologia inteligente e designers para completar o processo de conceção de várias tarefas, tais como a localização de processamento de informação de dados avançados, formulação e formulação de partes da arte e da indústria, processamento de subsídio de maquinação de cada processo Determinar e optar por calcular as dimensões do processo e tolerância, o equipamento e o equipamento do processo de corte, a dose, a determinação do trabalho importante, o método de qualidade, os itens de teste e o método de teste, calculando a capacidade de homem-hora, escrevendo todos os tipos de documentos de processo, finalmente recebendo todos os tipos de produtos para o processo de produção de documentos, como fluxograma do processo de produção, cartão de processamento de cartão de processo ou cartões de processo, processo de gerenciamento de documentos, etc.) e plano de produção de maquinagem de programação nc e plano de operação dados e informações relacionadas como programa de gestão nc para preparação de produção e sistema de controlo de maquinagem de operação Informações básicas.

(2) Classificação do sistema CAPP De acordo com o seu princípio de funcionamento, o sistema CAPP divide-se em três tipos: derivação, recuperação e criação. A recuperação do sistema CAPP é, na realidade, um sistema técnico de gestão de ficheiros para este processo. Esta é a parte pré-programada do processo de transformação para o computador, a nova parte da linha de processo é guardada em primeiro lugar, os métodos de processo. Se não forem necessárias alterações, é chamado diretamente. Se não for adequado, será modificado de acordo com as novas partes e depois guardado no computador para recuperação. O sistema CAPP de recuperação

é, de facto, um sistema de gestão de processos documentais, mas o seu desempenho é fraco, a capacidade de tomada de decisões automática é fraca e o processo de tomada de decisões é completamente completado pelo pessoal responsável pelo processo. Além disso, o sistema de recuperação CAPP é fácil de desenvolver, fácil de aplicar e tem um grande mercado. Campo derivado do CAPP CAPP baseado no sistema desenvolvido por este sistema e no resultado da recuperação. Divide as peças em grupos de peças de acordo com o princípio da tecnologia do grupo, cria as regras de processo padrão de acordo com o grupo de componentes e guarda-as no computador sob a forma de documentos. As novas peças de design do processo de planeamento, introduzem o código do grupo de tecnologia, o computador separa as peças pertencentes à categoria e, em seguida, procura as peças a partir do método padrão e, em seguida, de acordo com a forma da estrutura zero ^, a tolerância seguinte é a edição, a alteração, adequada para o processo de planeamento da obtenção de peças.

O princípio do sistema derivado CAPP é simples e fácil de desenvolver. Atualmente, a maior parte dos sistemas operativos da empresa são sistemas derivados. A limitação deste sistema é a fraca flexibilidade e portabilidade. Mas de acordo com a mesma empresa no processamento de suas partes geralmente não são semelhantes, de modo que o sistema CAPP é derivado em semelhança estrutural geral e o processo da maioria das empresas com fortes necessidades práticas pode. (3) Este tipo de sistema e a recuperação do sistema CAPP e o método derivado de tipo diferente não procuram diretamente o processo de peças semelhantes, o ficheiro e a alteração, mas de acordo com a parte da informação através de regras de inferência lógica, fórmulas e algoritmos, etc. Para tomar decisões tecnológicas e automaticamente "Chuang Cheng" faz parte do processo de planeamento. A abordagem de Chuang Cheng ao CAPP está próxima da inovação da forma humana de pensar, mas devido à complexidade do nosso processo de tomada de decisão pode deixar a experiência subjectiva do indivíduo, muitos do processo é criar um modelo matemático prático e apenas lidar com uma forma simples de partes de um A prática é menor, por isso pode ser geral para o tipo CAPP, o algoritmo geral do problema é a forma do código do programa.

máquina cnc

Nas modernas máquinas-ferramentas CNC, o projeto de uma peça mecânica e o seu programa de produção são totalmente automatizados. A geometria mecânica do objeto é definida através de um software de conceção assistida por computador (CAD) e, em seguida, é convertida em ordens de produção e fabrico por um software de fabrico assistido por computador (CAM). Finalmente, estes comandos, que são compreensíveis para o sistema de uma máquina de produção, são carregados numa máquina de controlo numérico (CNC). Para que este artigo seja mais compreensível e melhor entendido, fique connosco. Uma vez que para fabricar uma peça, é possível utilizar equipamentos ilegais como berbequim, ralador, etc. Se necessário, a maquinaria moderna (CNC) tem a capacidade de instalar todas estas ferramentas necessárias para fabricar cilindros ou acessórios de macacos hidráulicos.

A diferença entre máquina cnc e nc

Os sistemas NC utilizam hardware eletrónico baseado na tecnologia de circuitos digitais. O CNC utiliza um minicomputador ou microcomputador para controlar a máquina-ferramenta e elimina o máximo possível de circuitos de hardware redundantes na unidade de controlo. A tendência do CNC baseado em hardware para o CNC baseado em software aumenta a flexibilidade do sistema e proporciona a capacidade de corrigir o programa durante a utilização. Na máquina NC não existe um computador ou um sensor. Mas na máquina CNC, a peça de trabalho é colocada na placa do sensor e, em termos mais simples, nós fechamo-la. Com a ajuda da sua inteligência artificial e dando o desenho ao computador do dispositivo, este pode implementar o desenho desejado na peça de trabalho com os seus 3 eixos (x y z).

Códigos G

Os códigos G são a linguagem utilizada para controlar os dispositivos CNC. Os operadores destes dispositivos utilizam esta linguagem de programação para aplicar os comandos necessários ao dispositivo para criar o desenho pretendido. Por exemplo, ao dar o código G X50 Z50, o eixo da máquina deslocar-se-á em linha reta (50, 50). Este dispositivo é fabricado com elevada precisão na gama dos micrómetros e não é necessária a medição do operador. Por este motivo, as máquinas cnc aumentam consideravelmente a precisão e a velocidade de trabalho.

Descrição da máquina cnc

As máquinas CNC movem-se geralmente ao longo dos três eixos x z y. O sistema de controlo deste motor é feito em circuito aberto ou em circuito fechado. Nos sistemas de circuito aberto, a comunicação é feita apenas na direção do controlador para o motor. Nos sistemas de circuito fechado, a comunicação é efectuada apenas no sentido do controlador para o motor. É dado ao controlador. Uma das vantagens do sistema de circuito fechado é o facto de os erros e as falhas poderem ser corrigidos.

Exemplos de máquinas cnc

máquina de torno cnc

Um torno é uma máquina utilizada para raspar peças de madeira e de metal O Pars
Jack Industrial Group é capaz de produzir em massa com uma velocidade aceitável e
com a precisão necessária, utilizando uma máquina de torno CNC Pode produzir e
reconstruir peças de macacos hidráulicos com as dimensões necessárias A máquina
de torno cnc é especificada de acordo com os três eixos e as dimensões
especificadas pelo operador da máquina Utilizando códigos G, efectua a operação
de corte de aparas. Este dispositivo é adequado para peças com secções circulares.

máquina de fresagem cnc

Uma fresadora é um dispositivo de maquinagem que utiliza uma ferramenta de
torno circular para remover o objeto desejado. Através dos programas dados à
máquina, o eixo da ferramenta do torno executa a operação de corte desejada,
avançando numa determinada direção e ângulo. As fresadoras CNC utilizam o
código G, que é um código padrão entre todas as máquinas CNC. O movimento da
fresadora cnc é muitas vezes limitado a três direcções X Y Z. Mas, atualmente,
também existem no mercado fresadoras cnc de quatro a seis eixos. O Grupo
Industrial Pars Jack é capaz de fresar peças de macacos hidráulicos usando a
fresadora cnc.

Sistema de controlo numérico:

O sistema de controlo numérico é um sistema no qual os movimentos são feitos
através da introdução de informação numérica em qualquer ponto e este sistema
deve executar esta informação como um comando automaticamente. Num sistema
de controlo numérico, a informação numérica necessária para produzir uma peça é
fornecida à máquina sob a forma de um programa de peça, que no passado era
introduzido na máquina por uma barra de perfuração. O programa de uma peça é
organizado em blocos de informação, cada bloco contém informações numéricas
relacionadas com a produção de uma parte da peça de trabalho, tais como:
comprimento da peça, velocidade de corte, taxa de avanço, etc. A informação
dimensional (comprimento, largura, raio do círculo) e o tipo de interpolação (linear,
circular, ao longo da curva) são especificados de acordo com o desenho da peça.
Além disso, a velocidade de corte, a velocidade de avanço e as funções auxiliares,
tais como desligar e ligar o líquido de refrigeração, rodar o fuso, etc., de acordo com
o acabamento final da superfície e as tolerâncias exigidas, são incluídas no
programa da peça.

Em comparação com as máquinas-ferramentas tradicionais, o sistema NC substitui as operações que o operador efectua manualmente. Na maquinagem tradicional, uma peça é produzida movendo a ferramenta ao longo da peça de trabalho, rodando o manípulo ligado aos parafusos de guia pelo operador. Por conseguinte, é necessário um operador experiente e poderoso que possa maquinar a peça pretendida. Mas nas máquinas NC, não há necessidade de um operador qualificado. De facto, o operador só tem de se ocupar do processo de maquinação de acordo com as instruções dadas à máquina.

Controlo Numérico Computadorizado:

O controlo numérico é um tipo de automação de ferramentas e máquinas que utiliza computadores com capacidade para executar comandos de controlo da máquina. Este método é contrário às máquinas que funcionam manualmente. Nas máquinas-ferramentas CNC modernas, a conceção de uma peça mecânica e o seu programa de produção são totalmente automatizados. A geometria mecânica do objeto é definida através de software de conceção assistida por computador (CAD), sendo depois convertida em instruções de produção e fabrico por software de fabrico assistido por computador (CAM). Finalmente, estes comandos, que são compreensíveis para o sistema de uma máquina de produção, são carregados numa máquina de controlo numérico (CNC). Uma vez que um componente específico pode necessitar de diferentes ferramentas, tais como: berbequim, serra, torno, etc. para ser fabricado, as máquinas modernas são frequentemente uma combinação de várias ferramentas numa única célula.

A diferença entre o sistema de controlo numérico NC e o CNC

Os sistemas NC utilizam hardware eletrónico baseado na tecnologia de circuitos digitais, enquanto o CNC utiliza um minicomputador ou microcomputador para controlar a máquina-ferramenta, eliminando, tanto quanto possível, circuitos de hardware adicionais na unidade de controlo. A tendência do NC baseado em hardware para o CNC baseado em software aumentou a flexibilidade do sistema e permitiu a correção do programa durante a utilização. Na máquina NC, não existe computador ou sensor; mas na máquina CNC, colocamos a peça de trabalho na placa do sensor e fechamo-la. Com a ajuda da sua Inteligência artificial e fornecendo o desenho ao computador do dispositivo, o dispositivo pode implementar o desenho desejado na peça de trabalho com os seus 3 eixos.

A diferença entre sistemas NC e CNC

O crescimento do processo de automatização da produção aumentou a necessidade de máquinas controladas por computadores e levou ao desenvolvimento de máquinas NC sob a designação de CNC. Os sistemas NC utilizavam hardware eletrónico baseado na tecnologia de circuitos digitais. O CNC utiliza um minicomputador ou microcomputador para controlar a máquina-ferramenta, eliminando o máximo possível de circuitos de hardware redundantes na unidade de controlo. A tendência da NC baseada em hardware para a CNC baseada em software aumentou a flexibilidade do sistema e permitiu a correção de programas durante a utilização.

1- Ler o programa Nas máquinas NC, o programa é lido e executado linha a linha e, como resultado, se houver um erro nas linhas seguintes, a unidade de controlo é capaz de o detetar.
2- Testar o programa Em muitas máquinas CNC, o programa pode ser executado como um teste e a trajetória do movimento da ferramenta pode ser vista graficamente no monitor do dispositivo ou do PC e, se for necessário, o programa pode ser modificado.
3- Programação paramétrica As operações repetitivas, como os ciclos, podem ser facilmente escritas com este tipo de programa, e também torna possível e conveniente a programação paramétrica de peças complexas e superfícies geométricas e, além disso, torna possível escrever o programa das peças acima referidas através da linguagem APT e do software CAD/CAM. .
4- Modificação do programa Uma vez que nas máquinas CNC, o programa tem a forma de software, quaisquer alterações e correcções são facilmente possíveis. Também é possível guardar as alterações e ligar facilmente os programas escritos.
5- Correção do raio da ferramenta A correção do raio da ferramenta é fácil de realizar em percursos inclinados e curvos. E reduz significativamente a quantidade de cálculos. Esta vantagem é uma das diferenças mais importantes entre as máquinas NC e CNC, as máquinas NC não são capazes de compensar o raio da ferramenta porque lêem o programa linha a linha.
6- Simplicidade de comunicação com outras colecções Nas máquinas CNC, é fácil transferir o programa de maquinagem para as máquinas através de DNC e remotamente, e o robot é facilmente ligado a estas máquinas e pode ser colocado em sistemas de produção integrados CMIC. Em geral, a utilização do CNC por si só não é correta, sendo preferível utilizar estas máquinas em FMS (sistemas de fabrico) Fixlble e CIMS (sistemas de fabrico integrados por computador). O desenho assistido por computador (CAD) e o fabrico assistido por computador (CAM) são dois elementos fundamentais na produção industrial ou arquitetónica. O livro "CNC machining with MASTERCAM (CAD/CAM) - the second volume", escrito por Reza Behramzadeh, refere que, na primeira fase, o produto é concebido com a

ajuda de um computador e a sua forma tridimensional é observada em
pormenor e, na parte seguinte, chega à fase de produção e o produto é
cortado com máquinas CNC. CAD/CAM significa, na realidade, a integração
de todas as actividades de engenharia no sector da conceção e da produção.
No departamento de produção, o produto concebido com códigos
numéricos específicos é confiado a máquinas de controlo numérico ou
(Computer Numerical Control), abreviadamente designadas por CNC, e esta
máquina corta o produto nas matérias-primas.

Livro de Maquinação CNC com MASTERCAM (CAD/CAM) - O segundo volume
centra-se na forma de trabalhar e utilizar o software Mastercam para explicar a
operação de três eixos deste programa, que é conhecida como Percurso de
ferramentas de superfície. Esta operação é composta por duas partes: a primeira é
a operação padrão "desbaste e polimento" e a segunda é a "operação de
maquinagem rápida". Na primeira parte, ou seja, no desbaste, tentamos fazer com
que o produto se aproxime da forma final e, depois, ao polir, o produto atingirá a
sua forma final e exacta. Na segunda operação, desenham-se todos os pormenores
do produto. De acordo com o livro CNC Machining with MASTERCAM (CAD/CAM) -
Volume II, o software Mastercam explora totalmente os processos CAD e CAM e
permite ao utilizador efetuar muitas alterações. Por exemplo, na secção de
desenho, está disponível a permissão para alterar e modificar o plano. Na primeira
parte deste programa, que foi mencionada anteriormente, o utilizador poderá
avaliar a qualidade e as deficiências do desenho e aproximar-se completamente da
forma final. No processo de produção, o software Mastercam converte o produto
desenhado num formato que pode ser lido por dispositivos de corte ou de controlo
numérico. O livro de maquinação CNC com MASTERCAM (CAD/CAM) - o segundo
volume tenta descrever a forma de o utilizar, explicando o software mencionado. O
software Mastercom era um dos mais populares e antigos programas de conceção e
produção, que atraiu a atenção de muitos engenheiros. No início, este programa
era o único programa poderoso deste processo, que foi acolhido por muitos
desenhadores e engenheiros devido à sua facilidade, mas hoje em dia tem uma
concorrência feroz; no entanto, continua a ter muitos fãs em todo o mundo. É de
referir que este livro foi publicado pelo Instituto Cultural e Artístico Dibagaran de
Teerão.

Como explicado anteriormente, as operações de acabamento são utilizadas para a
maquinagem final das peças. Pode ser necessário utilizar várias operações de
processamento para atingir a forma final. Antes de efetuar qualquer operação, é
necessário identificar completamente as etapas de trabalho e escolher a melhor e
mais adequada operação de maquinagem. Pode ser necessário dividir a peça de
trabalho em vários limites e coparar o interior de cada limite, maquinando-o com

operações especiais. Em modelos complexos, a obtenção da forma final da peça pode ser muito demorada e são utilizadas diferentes operações e diferentes ferramentas. No entanto, por vezes, a obtenção da forma final pode não ser possível através dos métodos de maquinagem habituais e são utilizados outros métodos como o Spark e.... Em qualquer caso, o que é dito nesta secção é apenas para prática e pode não ser o melhor método para maquinar peças. As máquinas NC (Controlo Numérico) e CNC (Controlo Numérico Computadorizado) são ambas máquinas-ferramentas automatizadas utilizadas na indústria transformadora. Ambas as máquinas são utilizadas para cortar e moldar materiais como o metal e o plástico em formas e tamanhos específicos. A principal diferença entre as máquinas NC e CNC é o nível de automatização e o tipo de controlo utilizado para as operar. As máquinas NC são máquinas que funcionam manualmente e utilizam um sistema de controlo numérico para controlar os movimentos da máquina. O sistema de controlo numérico é um conjunto de instruções que são programadas na memória da máquina. As instruções dizem à máquina o que fazer e como o fazer. O operador tem de introduzir manualmente as instruções na memória da máquina e depois operar manualmente a máquina para executar as instruções.

Por outro lado, as máquinas CNC são máquinas totalmente automáticas que utilizam um sistema de controlo numérico computorizado para controlar os movimentos da máquina. Um sistema de controlo numérico por computador é um conjunto de instruções que são programadas na memória da máquina. As instruções dizem à máquina o que fazer e como o fazer. As instruções são introduzidas na memória da máquina pelo operador, mas a máquina pode executar as instruções sem qualquer outra intervenção do operador. As máquinas NC são normalmente utilizadas para operações mais simples, como furar, roscar e alargar. As máquinas CNC são normalmente utilizadas para operações mais complexas, como a fresagem, o torneamento e a retificação. As máquinas NC estão também limitadas no número de eixos que podem controlar, enquanto as máquinas CNC podem controlar até cinco eixos. As máquinas NC são normalmente mais baratas do que as máquinas CNC, mas também são menos precisas e eficientes. As máquinas NC requerem mais trabalho manual e são mais propensas a erros. As máquinas CNC são mais precisas e eficientes, mas também mais caras. As máquinas NC são normalmente utilizadas em lojas mais pequenas e para produções mais pequenas. As máquinas CNC são normalmente utilizadas em lojas maiores e para produções maiores. As máquinas NC são também utilizadas em contextos educativos, como escolas profissionais e universidades, para ensinar aos alunos as noções básicas de funcionamento das máquinas.

Consequentemente, as máquinas NC e CNC são ambas máquinas-ferramentas automatizadas utilizadas na indústria transformadora. A principal diferença entre as duas é o nível de automatização e o tipo de controlo que é utilizado para trabalhar com elas. As máquinas NC são máquinas operadas manualmente que utilizam um sistema de controlo numérico para controlar os movimentos da máquina, enquanto as máquinas CNC são máquinas totalmente automáticas que utilizam um sistema de controlo numérico computorizado para controlar os movimentos da máquina. As máquinas NC são normalmente utilizadas para operações mais simples, enquanto as máquinas CNC são normalmente utilizadas para operações mais complexas. As máquinas NC são geralmente mais baratas do que as máquinas CNC, mas também são menos precisas e eficientes.

Conceção em mecânica

A conceção consiste, de facto, em fornecer um plano e um plano para satisfazer uma necessidade humana. Sempre que há uma necessidade, as pessoas pensam em fornecer uma solução para a resolver e, antes de quererem implementar o projeto ou fabricar uma peça, normalmente fazem o trabalho de conceção. De facto, o design não é específico da engenharia mecânica e pode ser utilizado em vários ramos da engenharia e mesmo noutros domínios da vida. A conceção mecânica consiste, de facto, em fornecer planos e desenhos para o fabrico de peças de natureza mecânica, tais como engrenagens, molas, rolamentos, eixos, etc. Um engenheiro mecânico deve ter conhecimentos suficientes sobre diferentes ciências para poder conceber uma peça ou um objeto, ou mesmo uma máquina. Para a conceção, são necessários conhecimentos básicos de matemática, física e geometria. Os estudantes de engenharia mecânica que pretendam efetuar trabalhos de conceção devem estar familiarizados com software de análise de tensões e de análise de problemas de engenharia e com software de modelação como o SolidWorks, AutoCAD, Abaqus, Ansys, etc. Além disso, os estudantes devem dominar cursos como estática, resistência dos materiais 1 e 2, vibrações, dinâmica, mecânica dos fluidos, etc. Por exemplo, ao projetar uma peça sujeita a cargas de vibração, esta deve ser concebida de modo a que a frequência das cargas aplicadas ao objeto seja uma das suas frequências naturais, para que não ocorra ressonância ou ressonância.

Conceção

O design é o conhecimento da criação de um plano a partir de uma imagem mental, imaginária ou realista. O design, no sentido especializado, inclui vários conceitos e aplicações, pelo que, tal como a palavra arte, não é possível exprimir todos os seus aspectos com uma definição específica. Nas artes visuais, o desenho ou é um trabalho autónomo; ou é feito como anteprojeto de uma obra de arte, caso em que também se designa por anteprojeto[1]. O desenho apresenta-se em duas áreas gerais: uma é o desenho, que inclui impressões pessoais, sentimentos espontâneos e experiências livres do desenhador a partir de vários temas, com expressão independente e de várias formas; e a outra é o design, que inclui as fases de combinação de elementos visuais e espaciais com base em princípios de design, para um determinado público e tem um aspeto prático, como os campos do design industrial, do design arquitetónico e do design de vestuário[2].

Ferramentas de conceção

Atualmente, a execução do desenho não se limita à utilização de ferramentas tradicionais (lápis, carvão, etc.), mas são também populares vários métodos de combinação de materiais, ferramentas de colagem, utilização de materiais e ferramentas novos e não convencionais. Além disso, o computador, a teleobjetiva, o vídeo e outros tipos de dispositivos avançados também criaram novas possibilidades neste domínio. [5] No entanto, o ensino do design passa pelas mesmas ferramentas tradicionais e é desta forma que o designer é capaz de utilizar de forma hábil e criativa as novas ferramentas.

Conceção linear

Um desenho feito apenas com linhas e sem sombras brilhantes ou pontos coloridos é designado por desenho linear [1]. O foco mais importante nos desenhos lineares está nas linhas periféricas dos objectos. [6] As linhas no desenho representam estados emocionais e mentais, ordem e pensamento.

Conceção assistida por computador (CAD)

Um programa CAD é uma tecnologia informática que concebe um produto e documenta a fase de conceção do processo de engenharia. O CAD pode facilitar o processo de fabrico, transmitindo diagramas detalhados de materiais, processos, tolerâncias e dimensões do produto. Pode ser utilizado para gerar gráficos 2D ou 3D, que podem ser visualizados de qualquer ângulo, mesmo de dentro para fora. O desenho assistido por computador refere-se à utilização de sistemas informáticos para ajudar a criar, modificar e otimizar desenhos. O CAD é frequentemente considerado um programa de software de engenharia.

Vantagens do software de desenho assistido por computador

1. Aumentar a produtividade da engenharia

2. Melhorar a qualidade da conceção

3. Melhorar a comunicação através da documentação

4. Criar uma base de dados para produção

O resultado do CAD é frequentemente sob a forma de ficheiros electrónicos para impressão, maquinagem ou outras operações de fabrico. Os programas CAD modernos para desenho mecânico utilizam gráficos vectoriais para os objectos, ou podem produzir uma imagem gráfica que mostra o aspeto geral dos objectos de desenho. No entanto, os programas de software de engenharia precisam de mais do que apenas insectos. Tal como acontece no desenho manual ou nos desenhos técnicos e de engenharia, o resultado dos programas CAD deve transmitir informações como materiais, processos, dimensões e tolerâncias, de acordo com os requisitos específicos da aplicação. O CAD é amplamente utilizado em muitas aplicações nas principais indústrias, incluindo a indústria automóvel, a construção naval e aeroespacial, a arquitetura, os membros artificiais, etc. O CAD é também muito utilizado para produzir animação por computador para efeitos especiais em filmes, anúncios e manuais técnicos, frequentemente designados por DCC (criação de conteúdos digitais). O CAD é uma importante força motriz da investigação em geometria computacional, computação gráfica e geometria discreta.

Ferramentas CAD modernas

O desenho assistido por computador é uma das ferramentas utilizadas por engenheiros e designers e é utilizado de muitas formas, dependendo da profissão do utilizador e do tipo de software. O CAD faz parte das actividades de desenvolvimento digital de produtos (DPD) nos processos de gestão do ciclo de vida dos produtos (PLM) e, como tal, os programas CAD são utilizados juntamente com outras ferramentas, que são módulos integrados ou produtos autónomos, como o :

1. Engenharia assistida por computador (CAE)

2. Fabrico assistido por computador (CAM)

3. Renderização realista

4. Gestão de documentos e controlo de revisões utilizando a Gestão de Dados de Produtos (PDM)

O CAD também se revelou útil para os engenheiros com a ajuda das quatro caraterísticas seguintes:

1. História

2. Possibilidades

3. Definição dos parâmetros

4. Restrições de alto nível

O Histórico de construção pode ser utilizado para examinar caraterísticas únicas do modelo e trabalhar na unidade em vez de no modelo completo. Os parâmetros e as restrições podem ser utilizados para determinar o tamanho, a forma e outras propriedades de vários elementos de modelação.

Quem utiliza a conceção assistida por computador?

Segue-se uma lista de algumas das pessoas com maior probabilidade de utilizar CAD nas suas funções:

- Arquitectos

- Engenheiros civis

- Engenheiros electrotécnicos

- Diretor de instalações

- Designers de interiores

- Engenheiros mecânicos

- Engenheiros de estruturas

- Topógrafos

- Engenheiros de produção

- Engenheiros acústicos

- Engenheiros de proteção contra incêndios

- Designers de serviços alimentares

A lista continua. O desenho assistido por computador é utilizado em muitas indústrias, incluindo a aeroespacial, a automóvel, a têxtil, a eletrónica e muitas outras. O desenho assistido por computador permite às empresas testar ideias modeladas antes de implementar protótipos físicos. Os programas de software de engenharia são utilizados principalmente por engenheiros.

O software de desenho assistido por computador mais importante

Até à data, foram produzidos em todo o mundo centenas de programas informáticos de desenho assistido por computador ou CAD. Mas se quisermos apresentar os mais famosos e importantes, temos de mencionar os seguintes: Autocad: Especial para desenho e projeto bidimensional Solidworks: Desenho e modelação 3D, montagem e desenho industrial Inventor: desenho mecânico Catia: desenho completo de zero a cem.

Análise de engenharia assistida por computador (CAE)

CAE é a utilização generalizada de software informático para ajudar nas tarefas de análise de engenharia. Os programas de software de engenharia incluem a análise de elementos finitos (FEA), a dinâmica de fluidos computacional (CFD), a dinâmica multicorpos (MDB) e a otimização. Os programas de software de engenharia concebidos para apoiar estas actividades são considerados ferramentas CAE. Por exemplo, as ferramentas CAE são utilizadas para analisar a resistência e o desempenho de componentes e conjuntos. Este termo inclui simulação, validação e otimização de produtos e ferramentas de produção. No futuro, os sistemas CAE serão os principais fornecedores de informação às equipas de design para as ajudar a tomar decisões. Relativamente às redes de informação, cada sistema CAE é considerado um nó em toda a rede de informação e cada nó pode interagir com outro nó da rede.

Estes nós desempenham um papel no método dos elementos finitos, que utiliza a geometria do modelo existente para construir uma rede de nós ao longo do modelo. Esta rede é depois utilizada para determinar o desempenho do modelo no mundo real, com os parâmetros de entrada que a peça irá experimentar.

Os seguintes parâmetros são normalmente utilizados em engenharia mecânica para simulações CAE:

1. temperatura

2. Pressão

3. Interações dos fragmentos

4. Forças aplicadas

Parâmetros importantes na análise assistida por computador

A maioria dos parâmetros utilizados para a simulação baseia-se no ambiente e nas interações que o modelo experimenta durante o funcionamento. Estes parâmetros são introduzidos no software CAE como forma de verificar se a peça pode, teoricamente, suportar as restrições do projeto. Os sistemas CAE podem fornecer apoio às empresas. Isto é conseguido através da utilização de arquitecturas de referência e da sua capacidade de criar visões informativas sobre os processos empresariais. A arquitetura de referência é a base do modelo de informação, especialmente dos modelos de produto e de produção.

Os domínios abrangidos pelo CAE incluem:

1. Análise de tensões na montagem de componentes utilizando a FEA

2. Análise térmica e do fluxo de fluidos utilizando CFD

3. Dinâmica multicorpos (MBD) e cinemática

4. Ferramentas de análise de simulação de processos de fabrico

5. Otimizar a documentação do processo

6. Otimizar o desenvolvimento de produtos

7. Confirmação inteligente de não conformidade

8. Análise de segurança de conjuntos

Em geral, há três etapas em qualquer tarefa de engenharia assistida por computador:

1. Pré-processamento: definição do modelo e dos factores ambientais a aplicar.
2. Solucionador de análise
3. Pós-processamento dos resultados

Os softwares de análise computacional mais importantes incluem Abaqus, Ansys, Adams e Creo Elements.

Fabrico assistido por computador (CAM)

O fabrico assistido por computador é a utilização de software informático para controlar máquinas-ferramentas e máquinas relacionadas no processo de produção. Tecnicamente, não se trata de um sistema para programas de software de engenharia, mas mais para maquinistas no sector da produção. Mas os engenheiros também lidam frequentemente com este sistema. CAM pode também referir-se à utilização de computadores para ajudar em todas as operações de uma fábrica, incluindo planeamento, gestão, transporte e armazenamento. O seu principal objetivo é criar um processo de produção mais rápido e peças e equipamentos com dimensões e coordenação de materiais mais precisas. O CAM é conhecido como um processo assistido por computador, por vezes utilizado depois do desenho assistido por computador (CAD) e da engenharia assistida por computador (CAE), porque um modelo produzido em CAD e verificado em CAE pode entrar no software CAM que controla as máquinas-ferramentas.

Utilização de CAM para máquinas de controlo numérico computorizado (CNC)

CAM é o código de software por detrás das máquinas que produzem os produtos. As máquinas CNC são máquinas que utilizam códigos CAM para produzir produtos. As máquinas CNC incluem:

- Rebarbas

- Máquinas de torno

- Escritores

- Afiadores de superfície

- Máquinas de soldar

- Produzir descargas eléctricas

Tudo o que um operador deve ser capaz de fazer com máquinas-ferramentas convencionais pode ser programado com máquinas CNC. O CAM fornece instruções passo a passo que as máquinas-ferramentas seguem para produzir um produto. Antes do CAM, os maquinistas tinham de introduzir manualmente o código antes de executarem o programa. Esta introdução manual pode ser problemática dada a complexidade do produto final. A CAM facilita este processo ao utilizar um software inteligente para desenvolver o código com base numa plataforma de interface gráfica do utilizador. Isto permite que o código de produção seja gerado para a máquina CNC com um simples clique no processo pretendido. O PowerMILL e o Mastercam podem ser mencionados entre os softwares de fabrico assistido por computador mais importantes e mais utilizados.

Como é que o CAD, o CAE e o CAM funcionam em conjunto?

É necessário um programa CAD moderno para utilizar programas de software de fabrico CAM ou programas de software de engenharia CAE, porque ambos os sistemas requerem um modelo para efetuar operações de análise ou produção. O CAE requer o modelo geométrico para determinar a rede de nós integrados a utilizar na análise. O CAM requer a geometria da peça para determinar as trajectórias e os cortes da máquina-ferramenta. Ambos requerem CAD, mas o CAD pode ser utilizado como um sistema separado para modelos virtuais de engenharia. O CAD suporta o CAM ou o CAE e é necessário para que estes funcionem corretamente. Cada um destes softwares é uma ferramenta poderosa para engenheiros e maquinistas e torna o seu trabalho diário mais fácil e mais eficiente. A sua utilização correta trará óptimos benefícios para as pessoas e empresas que os utilizam.

Um software que todos os engenheiros mecânicos precisam de conhecer

Com os recentes avanços tecnológicos, o Controlo Numérico Computadorizado (CNC) tornou-se a pedra angular do fabrico. No entanto, com as suas inúmeras vantagens, este processo de fabrico requer o melhor software de desenho CNC para funcionar eficazmente. Então, qual é o melhor software de conceção CAD/CAM para CNC? Foram desenvolvidas muitas aplicações CAD-CAM de alta qualidade para utilização em controlo numérico computorizado. No entanto, o melhor software de conceção de peças e processos para si depende de uma série de factores. Estes factores incluem o custo, as funcionalidades, o suporte para técnicas CNC e a capacidade de sincronização com outro software. No resto do artigo, apresentaremos 8 dos melhores softwares de desenho CAD/CAM para aplicações CNC, as suas caraterísticas e os factores que devem ser considerados ao escolher um software em vez de outro.

O que é o software de desenho CAD/CAM?

Um processo computorizado ajuda a criar, aperfeiçoar e otimizar um desenho. CAD significa desenho assistido por computador e auxílio ao desenho integrado. Devido à velocidade e precisão deste software, a maioria dos designers utiliza-o para criar desenhos 2D e 3D. Este processo pode facilmente substituir os desenhos manuais efectuados pelos engenheiros, o que também faz com que o processo seja automatizado. CAM significa fabrico assistido por computador e aumento da precisão no processo de produção. Este processo envolve o fabrico de produtos ou peças de trabalho com a ajuda de uma máquina controlada por computador. Além disso, a CAM trata deste processo convertendo os ficheiros de desenho em código. Além disso, transmite o código a uma máquina que efectua operações de fabrico, tais como corte, perfuração ou fresagem, utilizando as instruções contidas no código. O software CAD/CAM é um pacote de software que fornece a funcionalidade do software CAD e CAM. Assim, em vez de utilizar duas plataformas de software diferentes para criar e desenvolver um plano, um operador utiliza o mesmo software. Abaixo estão também os processos automatizados pelo software CAD CAM.

Virar

O torneamento CNC consiste na remoção de material indesejado de uma peça. Neste processo, a peça de trabalho é rodada utilizando engrenagens e rodas em vez de ferramentas de corte para remover os detritos.

Burr

O processo de fresagem CNC também ajuda a remover o excesso de material. No entanto, ao contrário do torneamento, uma ferramenta de corte remove o excesso de material. O software CAD/CAM utiliza outros processos automatizados para remover o excesso de material, incluindo retificação, perfuração e fresagem.

Impressão 3D

A impressão 3D é outro processo que é totalmente automatizado. Mas, ao contrário dos processos anteriores, a impressão 3D é um processo incremental. Na impressão 3D, a máquina ajuda a construir a peça colocando materiais em camadas.

O Fusion 360 é um dos softwares de desenho CAD/CAM CNC gratuitos mais populares. Este software tem capacidades CAD e CAM, e as suas definições CAM são ideais para técnicas de fresagem e corte a laser. Além disso, o software suporta uma variedade de ficheiros, incluindo 3MF, DXF e STL. O Fusion 360 pode ligar o seu desenho a várias técnicas de fabrico, como a criação de perfis, a fresagem e o torneamento. Também é possível efetuar fresagem de 2,5 eixos, fresagem de 5 eixos, sondagem e fresagem de 4 eixos com este software. Além disso, este software também o ajuda a tomar decisões e mostra o equilíbrio entre desempenho e custo. O Fusion 360 ajuda-o a estimar o custo de construção do seu projeto através de uma secção de previsão. Sendo um dos melhores softwares CNC gratuitos para principiantes, o software de desenho Fusion 360 é utilizado em vários domínios, desde designers de produtos e maquinistas a engenheiros mecânicos. No entanto, só funciona em Windows e Mac OS.

Embora o FreeCAD seja essencialmente CAD, também possui poderosas capacidades CAM. A secção CAD deste software ajuda a realizar desenhos 2D e 3D. Ao contrário de outros softwares CAD-CAM, as operações 3D incluem armazéns e linhas de água. Por outro lado, o departamento CAM dispõe de simulações mecânicas e de fluidos, bem como de um estúdio de movimento. Pode aceder à funcionalidade CAM Free CAD selecionando Path Workbench. Na bancada de trabalho, tem a liberdade de escolher uma variedade de ferramentas de trabalho, como a fresagem, o corte a laser e o torno. Também pode criar código G no Workbench para transferir para a máquina CNC. Além disso, é um dos melhores softwares de design CAD para iniciantes que pode ser executado em vários sistemas operacionais, incluindo Linux, Windows e macOS. Também aceita vários tipos de ficheiros, incluindo SVG, STEP, STL, DXF e outros tipos de ficheiros CAD.

Software de conceção SOLIDWORKS

Desenvolvido pela Dassault Systemes, o SolidWorks é um software de design de código que também tem capacidade de processamento CAM. No entanto, as funções CAM fornecidas neste software são limitadas. Para obter a funcionalidade completa, é necessário obter um plug-in que integre o design e a construção utilizando tecnologia baseada em regras. Além disso, estão disponíveis quatro versões deste complemento CAM, todas com funções diferentes, e o seu CAM deve determinar a versão ideal para si. As quatro versões incluem standard, profissional, maquinista profissional e maquinista standard. O software SOLIDWORKS abrange a simulação, o projeto, a estimativa de custos e a revisão da capacidade de fabrico. Também executa outras funções, como a gestão de dados. No entanto, o software de projeto SOLIDWORKS só pode ser executado no Windows. Além disso, este software destaca-se de outros softwares concorrentes devido à sua capacidade de ligação em rede. Com o SOLIDWORKS, mais do que uma pessoa pode trabalhar num projeto em simultâneo. Além disso, as alterações efectuadas numa parte do processo de design serão reflectidas também noutras partes.

Software de conceção EnRoute

O EnRoute desenvolvido pela SAi tem funções CAD e CAM. Este software pode fornecer desenhos 2D e 3D ideais para diferentes tipos de máquinas. O Enroute é um software fácil de utilizar, ideal para o corte quotidiano, o design criativo, o fabrico de sinais, o trabalho da madeira, a maquinagem de metais e outros processos de fabrico. Os seus desenhos são ideais para utilização em software de router CNC, jato de água, plasma e laser. Uma vez que o Enroute é de fácil utilização, é fornecido com texturas de modelos prontos a utilizar. O software também inclui simulações realistas que ajudam a testar modelos para identificar erros que podem perturbar a produção. Além disso, com este software, pode desenhar as suas formas à mão livre com o rato ou com a caneta, utilizando as suas ferramentas de edição precisas. O Enroute possui também uma das melhores funções CAM disponíveis num software.

Software de desenho Carbide Create

A Carbide oferece um dos melhores softwares de conceção e fabrico do mercado com as suas capacidades CAD e CAM. Este software combina muitas funções, incluindo CAD, CAM, simulação e emissor de código G. Além disso, é compatível com vários tipos de ficheiros, incluindo DXF e STL. A vantagem deste software é que também pode criar diretamente um desenho utilizando o Carbide Create, converter o desenho em código G e transferi-lo diretamente para a sua máquina CNC para produção. Além disso, o software Carbide Create é versátil e compatível com os sistemas operativos macOS e Windows. Os utilizadores podem realizar maquinações 2,5D com a versão gratuita deste software CAD (2,5D entre 2D e 3D). Na maquinação 2.5D, só é possível deslocar dois eixos em simultâneo.

Software de desenho Exocad

O Exocad é utilizado numa vasta gama de indústrias, incluindo a dentária. Possui funções CAD e CAM e pode processar uma grande quantidade de dados. O Exocad é de fácil utilização e permite-lhe alternar entre os modos Wizard e Expert, consoante o seu nível de especialização. Como software CAD na indústria dentária, o Exocad ajuda a produzir vários produtos, incluindo: coroas, pontes, revestimento a ouro, facetas amovíveis, etc. A capacidade do Exocad para melhorar a eficiência faz dele um dos softwares de desenho CAD/CAM mais populares na indústria dentária. Além disso, é utilizado em várias áreas dentárias, incluindo design, ortodontia, planeamento de implantes, fabrico e digitalização.

Software de desenho Estlcam Logótipo do software de desenho CAD/CAM Estlcam

O software Estlcam é um software CAM que fornece exclusivamente serviços de fresagem. Este software aceita uma vasta gama de tipos de ficheiros (incluindo: PLT, DXF, e25, PNG, GIF e JPG). Uma caraterística importante do Estlcam é o facto de permitir escolher entre um percurso de ferramenta manual e automático. A função de percurso automático da ferramenta ajuda o software a determinar o melhor percurso de corte com base no desenho do projeto. Por outro lado, com a função Percurso manual da ferramenta, o utilizador escolhe o melhor percurso e corta-o ele próprio. Tem também outras definições, como o nivelamento inicial, a chanfradura e a definição da profundidade do percurso da ferramenta. Com a sua interface de fácil utilização, este software é muito fácil de utilizar sem CAM. Além disso, só funciona em Windows e não tem a capacidade de sincronizar e coordenar com outro software. Isto significa que não o pode combinar com outro software. Este software funciona apenas em Windows e aceita tipos de ficheiros como sdfa, .eoff e xyznb.

Software de desenho Inkscape

O Inkscape é um software que é utilizado principalmente para desenhos vectoriais 2D. No entanto, criar um desenho vetorial utilizando o Inkscape é diferente de outro software porque pode manipular as linhas aqui desenhadas para criar o código G. Além disso, este software pode exportar o formato de ficheiro DXF, que o software CAM pode utilizar para gerar o código G. Também suporta outros ficheiros vectoriais como SVG, SVGZ, PDF, EPS, AI, CDR e VSD. O Inkscape é um software de desenho versátil para os sistemas operativos Windows, Linux e macOS. Além disso, mesmo que seja um novato, pode aprender facilmente os conceitos básicos do sistema e como usar o software usando os vídeos tutoriais.

Pontos importantes na escolha do software de desenho CAD/CAM

A conceção CAD/CAM é amplamente utilizada em muitas indústrias, incluindo a aeroespacial, a automóvel, a eletrónica, etc. A conceção CAD/CAM permite às empresas rever ideias modeladas antes de implementar protótipos físicos. Existem muitos softwares CAD/CAM disponíveis online, o que torna a escolha do mais adequado uma tarefa difícil. Depois de discutir o melhor software para as suas necessidades de CAD e CAM, eis alguns factores a considerar na escolha.

Custos

O custo é frequentemente o fator limitador na escolha de software de desenho CAD/CAM. Isto deve-se ao facto de a maioria dos pacotes CAD serem muito caros. No entanto, antes de assumir um compromisso financeiro com o software, certifique-se de que efectua a pesquisa adequada. Os artigos caros nem sempre são os melhores; por isso, certifique-se de que presta atenção às caraterísticas de que necessita. Também é importante notar que a maioria do software tem versões disponíveis porque as versões posteriores têm sempre um desempenho melhor do que as versões anteriores. Tenha isto em mente quando comprar software com uma taxa vitalícia ou quando pagar com base numa subscrição.

Apoio às técnicas CNC

Existem muitas técnicas CNC, como a fresagem, o laser, o plasma, etc. No entanto, nem todos os programas informáticos as suportam. Antes de escolher o software, deve conhecer as técnicas CNC necessárias para o fabrico e utilizar apenas o software que as suporta.

Caraterísticas completas

O número de funcionalidades do software determina frequentemente a qualidade do que faz. Procure sempre um software de desenho CAD/CAM rico em funcionalidades, uma vez que reduz significativamente a carga de trabalho e melhora a qualidade do trabalho.

Formatos suportados

São utilizados muitos tipos de ficheiros (STEP, STL, IGES, DXF, X3D, Parasolid, etc.) para os processos de controlo numérico por computador. O tipo de ficheiro depende geralmente do software utilizado para gerar o seu ficheiro CAD. Isto pode ser problemático se o seu software não aceitar uma vasta gama de ficheiros.

Coordenação e capacidade de integração com outros programas informáticos

Outro fator a considerar ao escolher um software é a sua capacidade de trabalhar com outro software. Isto ajuda a eliminar o tempo gasto na preparação e transferência de ficheiros de construção entre sistemas. Opte sempre por software que seja funcional e tenha a capacidade de se integrar com outro software.

Caraterísticas do Autodesk Fusion 360:

Com as ferramentas de design generativo e de simulação do Fusion 360, é possível reduzir o impacto de um design deficiente e da falta de engenharia para garantir resultados durante a construção. Com base nisto, podem ser concebidos e produzidos produtos que proporcionam forma, ajuste, função e beleza.

Desenhos 2D acelerados.

Flexibilidade para um design e modelação 3D sem esforço.

Software de desenho de PCB com todas as funcionalidades.

Software de gestão de dados de um único produto.

Colaboração em tempo real com outros designers.

Capacidade de fixar limites de produção e de material

Autodesk AutoCAD

"A versão mais conhecida e a melhor para impressão 2D e 3D"

Os arquitectos, engenheiros mecânicos e profissionais da construção (engenheiros civis) confiam no AutoCAD para a impressão 2D e 3D. Esta versão ajuda os engenheiros ou utilizadores de software a anotar mapas, desenhar e redigir geometria bidimensional e modelos tridimensionais utilizando objectos de malha, superfícies e modelação de sólidos. Além disso, devido à coleção de ferramentas especializadas de mecânica, arquitetura, eletricidade e MEP, melhora a eficiência da utilização. Estas funcionalidades ajudam a automatizar tarefas como a criação de calendários, a contagem, a comparação de mapas e a adição de blocos que consomem muito tempo manualmente.

Caraterísticas do Autodesk AutoCAD:

Pode desfrutar de uma experiência de desenho consistente com todas as funcionalidades e ferramentas do AutoCAD em qualquer plataforma, incluindo Windows e Mac. Além disso, as suas versões móveis foram disponibilizadas recentemente. Extensões e API para personalizar desenhos. Envia feedback diretamente para um ficheiro DWG. Conta automaticamente os blocos. Oferece navegação e renderização 3D. Desenho bidimensional, anotação.

TinkerCAD

"Ideal para engenheiros principiantes começarem a trabalhar e familiarizarem-se"

Edition é uma aplicação Web com uma interface de utilizador intuitiva que pode ajudar os designers e engenheiros principiantes a desenvolver competências básicas de inovação. Este programa ajuda o utilizador no domínio da eletrónica, do design 3D ou da codificação a criar blocos criativos e a transformá-los em realidade. A única coisa necessária para utilizar este programa é colocar uma forma pré-preparada na superfície de trabalho para adicionar ou remover caraterísticas. Pode ajustá-la rodando ou movendo o ecrã para ver diferentes ângulos e vistas.

Caraterísticas do TinkerCAD:

Esta versão é rápida e fácil de utilizar. Esta é, naturalmente, a razão pela qual os professores a utilizam amplamente para ensinar os alunos sem restrições. Oferece serviços de impressão 3D. Fornece-nos vídeos educativos fáceis. Pode adicionar luz e movimento ao desenho. Permite arrastar e largar para construir modelos.

FreeCAD

"O melhor para conceber produtos reais"

Com este software, é possível desenhar objectos reais de qualquer tamanho. Faz modelação 3D paramétrica de código aberto e também permite voltar atrás na história para aperfeiçoar o modelo e as etapas de design anteriores. Tudo o que tem de fazer é alterar os parâmetros. A plataforma fornece componentes para o ajudar a extrair detalhes de design de modelos 3D e definir dimensões. Além disso, pode desenhar formas 2D para utilizar como base para a construção de outros objectos. Como resultado, pode criar desenhos de alta qualidade prontos para a produção.

Caraterísticas do FreeCAD:

O reeCAD é um software multiplataforma flexível e expansível (Mac, Linux e Windows). Pode integrar facilmente formatos de ficheiros abertos como DAE, STEP, DXF, SVG, etc. no seu fluxo de trabalho através da leitura e escrita. Suporta objectos com condições de representação de limites (BRep). Funcionalidade do kernel codificada em C++. Mesa adicional. Desenho CAD bidimensional. Modelação arquitetónica ou BIM. Modelo de simulação de robô.

Solidworks

"O melhor para utilização profissional"

O Solidworks é um programa de conceção assistida por computador publicado pela Dassault Systèmes. Os designers e engenheiros profissionais na área da conceção 3D utilizam-no principalmente para uma vasta gama de ferramentas de validação e conceção mecânica e de engenharia inversa. Este software é útil para a conceção de produtos selecionados e utiliza o sistema NURBS para criar curvas mais precisas nas formas.

Caraterísticas do Solidworks:

O SolidWorks oferece algumas das melhores ferramentas para o ajudar a debater e transformar ideias inovadoras em designs de produtos líderes na indústria. Desde modelos 3D a desenhos 2D de peças complexas, este software CAD fornece tudo o que precisa para criar desenhos rápidos e precisos. Ferramentas de análise e gestão de dados. CAD ligado à nuvem. Inclui ferramentas de estimativa de custos. Ajuda a compreender o desempenho do produto numa fase inicial. Pode partilhar informações sobre o desenvolvimento de produtos em tempo real com a equipa de marketing. Colaboração entre equipas.

Uma lista de desenhos que o Solidworks oferece:

Comercial: Para empresas de várias dimensões. Universitária: Um recurso abrangente para CAD 3D e formação em gestão de dados. Investigação: Uma solução tudo-em-um para projectos de investigação. Estudantes: Para ajudar os estudantes a criarem os seus próprios suportes CAD.

CREO

"O melhor para o desenvolvimento eficiente de produtos"

Creo é uma plataforma CAD líder, desenvolvida há mais de uma década pela Parametric Technology Corporation (PTC). É um pacote completo equipado com as ferramentas necessárias para acelerar o design de produtos. Um programa fácil de aprender que o ajuda a passar das fases iniciais do processo de conceção para a fase seguinte, a fase de construção. Desta forma, permite-lhe conceber produtos de melhor qualidade de forma mais eficiente.

Caraterísticas do Creo:

Com um desempenho poderoso e as tecnologias mais recentes, as ferramentas Creo ajudam a melhorar a qualidade do produto e a reduzir os custos. Estes componentes revolucionários dão-lhe uma vantagem competitiva e permitem-lhe ganhar uma quota de mercado significativa.

Destaques do Creo

Modelação 3D sólida e paramétrica. Imagens técnicas. Desenvolvimento de design produtivo para produtos de alta qualidade e baixo custo. Análise e simulação de elementos finitos. Desenho esquemático e desempenho. Fornece tecnologias de otimização de topologia.

SketchUp

"O melhor para desenho e documentação em 3D"

Com mais de uma centena de plug-ins profissionais desenvolvidos para ajudar a personalizar o espaço de trabalho 3D, o Sketchup é a melhor escolha para designers. Com este software de modelação 3D super inteligente, pode visualizar ideias inovadoras e experimentar a alegria de desenhar à mão. Desta forma, pode utilizá-lo para criar modelos 3D e documentar ideias em 2D. Isto ajudará a melhorar a produtividade da equipa e tornará o progresso do seu projeto muito mais fácil e rápido.

Recursos do SketchUp:

O SketchUp oferece aos profissionais de todas as áreas as melhores soluções de modelação e impressão 3D. Designers, engenheiros mecânicos, arquitectos e, em geral, qualquer pessoa em qualquer área pode utilizá-lo.

Segue-se uma lista de funcionalidades que o Sketchup oferece:

Documenta desenhos 3D em 2D. Interface de utilizador intuitiva e atraente. É adequado tanto para profissionais como para principiantes. Colaboração em equipa nos departamentos. Experiência de RV imersiva para simulação de desenhos.

CATIA

"O melhor para desenvolver produtos em várias plataformas"

O Katia destaca-se na conceção e experiência de produtos multiplataformas. Este software pode satisfazer todas as suas necessidades, incluindo tópicos CAM, CAD ou CAE nas indústrias automóvel e aeroespacial. Este software tem uma capacidade única de modelar produtos do quotidiano com base no comportamento em tempo real. Além disso, proporciona aos criadores de sistemas, aos designers, aos utilizadores avançados e aos entusiastas uma experiência 3D intuitiva. As suas capacidades de simulação e modelação 3D optimizam a eficácia de cada utilizador. E através de poderosos painéis de controlo, pode criar colaboração em tempo real, design simultâneo e inteligência empresarial em cada projeto.

Caraterísticas do Catia:

O Catia inclui modelação 3D, simulação, aplicações sociais, colaboração e inteligência de informação, etc. Especialmente porque ganhou muita popularidade devido às suas múltiplas plataformas. Colaboração online para modelação e design 3D. Gere eficazmente os dados durante o desenvolvimento do produto. Fornece um conjunto de ferramentas para satisfazer as necessidades de diferentes empresas. Controlo de alterações de modelos 3D.

Borda sólida

"O melhor para a conceção visual mecânica e eléctrica"

O Solid Edge é um conjunto completo de ferramentas de desenvolvimento de produtos que facilitam a sua utilização com uma interface simples e intuitiva. Seja em temas técnicos, desenhos eléctricos e mecânicos, simulação ou gestão de dados, fornece todas as funcionalidades que os principiantes necessitam para criar um desenho 3D ou 2D. Além disso, oferece ao utilizador a simplicidade e a rapidez da modelação 3D direta com o controlo e a flexibilidade do desenho paramétrico.

Caraterísticas do Solid Edge:

A tecnologia concorrente do Solid Edge permite aos designers, estudantes, amadores, engenheiros e outros gerar visualmente e testar projectos sem fronteiras. Pode projetar de forma mais inteligente e eficiente sem as limitações da modelação 3D tradicional.

Visão geral das funcionalidades do Solid Edge:

Optimiza os projectos integrando o fluxo e a simulação estrutural. Produz imagens de alta qualidade de forma eficiente Interface de utilizador baseada em inteligência artificial Estilo de engenharia inversa rápida Colaboração baseada na nuvem Disposição bidimensional de painéis de controlo industrial Base de dados com processamento secundário e pesquisável

Os softwares de desenho como o AutoCAD, Sketchup, E-Plan, etc. são utilizados em muitas indústrias e domínios. Estes softwares ajudam os designers a desenhar e a implementar planos pormenorizados. Atualmente, os desenhadores e engenheiros podem implementar facilmente desenhos 3D e 2D sem as preocupações do passado. Além disso, para implementar planos de construção e poupar tempo, pode realizar os seus projectos em menos tempo contratando um desenhador AutoCAD, contratando um especialista Eplan, contratando um desenhador de fachadas, etc. Para além do Windows, estes softwares podem ser utilizados nos sistemas operativos Android e iPhone, e sempre e quando necessitar de fazer alterações, pode facilmente incluir os itens pretendidos e partilhá-los com os seus colegas. O AutoCAD é um dos programas mais úteis e importantes para designers de interiores e arquitectos, que nele podem facilmente fazer desenhos em 3D e 2D. Neste artigo, examinámos as vantagens do AutoCAD, apresentámos o melhor e mais famoso software CAD e explicámos a razão pela qual o AutoCAD é um excelente programa para a conceção de desenhos de arquitetura.

Software Autocad

O AutoCAD tem uma interface de fácil utilização para desenhar mapas bidimensionais e tridimensionar peças e construir mapas ou desenhar mapas de instalações. Este software é antigo, mas é conhecido como o software-mãe ou de base de outros softwares de engenharia e, se quiser trabalhar em empresas de consultoria de engenharia no Irão ou no estrangeiro, a aprendizagem deste software é obrigatória. É. A aprendizagem do ambiente 2D demora duas semanas e a do ambiente 3D demora um mês.

Software ANSYS

O Ansys é o segundo software mais importante desta lista que todos os engenheiros mecânicos devem conhecer. O Ansys é uma ferramenta analítica que utiliza o método dos elementos finitos para modelação e análise. Com a ajuda do software de análise ANSYS, os engenheiros e projectistas podem aplicar facilmente a otimização estrutural, térmica, dinâmica, de peso e de equilíbrio de desempenho, bem como simulações de modos de vibração e factores de fiabilidade e segurança, passo a passo, nos seus projectos. Os criadores do software de simulação Ansys acreditam que este software de aplicação pode satisfazer todas as necessidades de conceção dos utilizadores do Ansys durante os próximos 32 anos. Se é um dos utilizadores do popular software Catia, talvez seja interessante saber que o software Ansys pode utilizar os resultados do Catia e suportar formatos geométricos e vectoriais comuns, como o SAT e o Para solid. Este software, juntamente com o AutoCAD, é absolutamente essencial para a aprendizagem de engenheiros mecânicos de sucesso. Demora cerca de 2 meses a aprender.

Software Pro Engineer

Software com caraterísticas e ferramentas avançadas para conceção, desenho, montagem, soldadura, etc. significa "engenheiro profissional", incluindo software de conceção assistida por computador, engenharia assistida por computador e fabrico assistido por computador, utilizado para conceção 3D. O criador deste programa é a Parametric Technology Corporation (PTC). Os principais concorrentes do software Pro/Engineer no mercado são o Katia e o NX (Unigraphics). Mas atenção que este software é mais recente e mais leve do que o Katia e o NX, e este software é utilizado em muitos concursos no domínio da mecânica ou em trabalhos de investigação. São necessários cerca de 5 meses para o aprender.

Software CAD 3D SolidWorks

Já deve ter ouvido o nome SolidWorks. Este software é considerado como o quarto software e, para além das suas complexidades, é o software mais poderoso no domínio da modelação e da renderização 3D de volumes, peças industriais e simulações diversas. De facto, o SolidWorks é um software de engenharia de desenho assistido por computador que funciona em Windows e é desenvolvido pela empresa francesa Dassault Systèmes. O software SolidWorks concorre diretamente com o Inventor, o Mechanical Desktop e o SolidEdge, mas a experiência demonstrou que nenhum destes softwares pode ser comparado com o SolidWorks. O software auxiliar será instalado. São necessários cerca de 4-5 meses para o aprender.

Software Abaqus

Abaqus O Abaqus é um software de CAD e de análise de elementos finitos para construir geometrias complexas e obter resultados óptimos. O nome e o símbolo deste software são retirados da palavra abacus em inglês que significa ábaco e abax (ἄβαξ em grego que significa uma tábua coberta de areia. Coloca este software na quinta prioridade de aprendizagem. O Ábaco é a capacidade de resolver problemas desde uma simples análise linear até à mais complexa modelação não linear. Este software tem um conjunto muito alargado de elementos que permitem modelar qualquer tipo de geometria através destes elementos. Possui também muitos modelos de comportamento que são utilizados na modelação de todo o tipo de materiais com diferentes propriedades e comportamentos, tais como metais, borrachas, polímeros, compósitos, betão armado, espumas elásticas e frágeis, bem como materiais geotécnicos como solos e rochas, possibilitando uma elevada funcionalidade. Considerando que o Abacus é uma ferramenta de modelação geral e extensiva, a sua utilização limita-se apenas à análise. Os problemas de mecânica dos sólidos (i.e. problemas de tensão-deformação) não podem ser resolvidos. Com este software, é possível estudar vários problemas, como a transferência de calor, a transferência de massa, a análise térmica de componentes eléctricos, acústicos, de infiltração e piezoeléctricos. A sua aprendizagem demora cerca de 1 mês. É.

Software Katia

O CATIA foi desenvolvido em 1977 pela empresa de aviação francesa Avions Marcel Dassault, na altura cliente do software CADAM para o desenvolvimento do avião de combate Mirage da Dassault. Mais tarde, foi adotado pelas indústrias aeroespacial, automóvel, naval e outras. A diferença entre o software CATIA e o Solidworks reside sobretudo nas capacidades. Ambos os softwares são da empresa francesa Desso Systems. O principal objetivo desta empresa é fornecer dois produtos com capacidades semelhantes para ganhar mais quota no mercado mundial de software de modelação. O primeiro produto de software da empresa Deso é o software Katia. Este software é considerado um dos mais caros do mundo devido às suas vastas capacidades, e a maioria das grandes empresas utiliza atualmente o Katia para integrar o seu trabalho no domínio do design. O principal software utilizado por empresas como a Boeing, AIRBUS, BMW. São necessários cerca de 6 meses para o aprender.

Software Solid Edge

A aprendizagem deste software não é necessária, mas se pretender adquirir mais conhecimentos no domínio da simulação, é preferível utilizar este software juntamente com o SolidWorks e o Katia. O Solid Edge é um software de simulação e renderização 3D com poderosas ferramentas e funcionalidades de simulação. Os principais concorrentes do software Solid Edge no mercado Solidorx são o Inventor e o Mechanical Desktop. Nos ambientes deste software, à semelhança de outros softwares, possui três ambientes denominados peça, montagem e desenho, que podem ser utilizados para transformar o projeto de uma peça ou de um conjunto em realidade e documentar os documentos técnicos do projeto criado. A sua aprendizagem pode demorar cerca de 4 meses.

Software Rhino

Este software é um dos mais recentes, mais leves e mais poderosos softwares de modelação, 3D e simulação, utilizado principalmente por arquitectos e engenheiros de animação, mas também pode ajudá-lo no domínio da engenharia mecânica. A sua aprendizagem pode levar cerca de 3 meses do seu tempo e a sua aprendizagem por engenheiros mecânicos é uma opção, não um software necessário.

Software Matlab

O Matlab é, antes de mais, um software de matemática avançada (com funcionalidades de programação), mas tem funcionalidades especificamente concebidas para a engenharia. Este software é um software completamente rentável, pois devido à sua complexidade e dificuldade de aprendizagem, muitas pessoas não procuram aprendê-lo, mas se o dominarem, é facilmente um excelente ponto de atração para empresas nacionais e estrangeiras. De facto, é um ambiente de software para a realização de cálculos numéricos e uma linguagem de programação de quarta geração. A sua aprendizagem pode demorar pelo menos 8 meses.

Outro software de mecânica (por ordem de prioridade)

Software GAMBIT

Software TRNSYS

Software RecurDyn

Software COMSOL

Software Simufact

Software Autodesk Inventor

Software Autodesk 3ds Max

Software TopSolid

Software Microsoft Visual Studio Patran

Software

O projeto é uma etapa muito importante em qualquer processo de conceção e construção. Apesar da sua importância, houve uma altura em que o desenho estava sujeito a limitações e a uma baixa precisão devido à utilização de métodos manuais tradicionais e ferramentas físicas convencionais. Após a necessidade de eliminar estes problemas, foi desenvolvido o software de desenho 3D. Ao longo dos anos, registaram-se muitos avanços na indústria de CAD. Atualmente, existem centenas de poderosos programas de CAD capazes de realizar desenhos e modelações 3D altamente complexos. No entanto, há certos pacotes de software que superam a concorrência. Dito isto, compilámos aqui uma lista dos 10 melhores softwares de modelação 3D disponíveis atualmente. Nesta revista, exploramos as suas caraterísticas, capacidades, compatibilidade, tipos de formatos suportados e outras caraterísticas que os distinguem dos restantes. Tenha em atenção que, embora alguns destes programas de software sejam capazes de trabalhar num ambiente 2D, iremos analisar apenas as suas capacidades de modelação 3D.

AUTOCAD

O AutoCAD é um dos programas de desenho 3D e 2D mais úteis. Este software é desenvolvido pela Autodesk, o criador de software CAD mais popular e fiável. Embora tenha sido lançado pela primeira vez em 1982 como um software de desenho 2D, várias melhorias ao longo dos anos fizeram com que o AutoCAD passasse a incluir funcionalidades poderosas que satisfazem as necessidades de modelação de várias indústrias. . Embora o AutoCAD seja comercializado como um pacote único, possui ferramentas específicas para a indústria que podem ser consideradas como produtos separados. Estas ferramentas, as suas caraterísticas e capacidades são as seguintes. O AutoCAD Classic é fornecido com uma interface AutoCAD familiar que permite aos utilizadores criar desenhos 2D, gerar modelos 3D e anotar modelos em 2D. O Architectural AutoCAD, como o nome sugere, é um conjunto de ferramentas de arquitetura. Este pacote inclui funcionalidades para gerar e documentar desenhos de arquitetura e criar modelos de edifícios. O AutoCAD Mechanical foi desenvolvido para DFM (Design for Manufacture). Este software é utilizado para criar, modificar e documentar modelos mecânicos. O AutoCAD Plant 3D permite-lhe modelar centrais eléctricas altamente detalhadas com percursos de tubagens complexos e várias máquinas. Outras ferramentas disponíveis são o AutoCAD Electrical e o AutoCAD MEP.

Inventor

O Inventor, também conhecido como Autodesk Inventor Professional, é um dos softwares de design 3D para modelação mecânica, design de produtos e engenharia. Fiel ao seu nome, o Inventor Professional oferece ferramentas de nível profissional para todas as suas necessidades de design mecânico 3D. Estas ferramentas podem ser classificadas em design de produto, modelação, simulação, visualização e comunicação. Com estas ferramentas, pode facilmente criar e editar modelos 3D individuais, ligar várias peças para formar um conjunto e produzir desenhos detalhados para construção. As ferramentas de modelação do Inventor também lhe permitem conceber peças complexas em chapa metálica, criar percursos de tubos e canos e integrar componentes electrónicos nos seus modelos mecânicos. As ferramentas de simulação permitem analisar o comportamento do seu modelo sob condições reais de tensão e forças aplicadas. O Inventor também possui ferramentas avançadas de visualização e renderização.

Solidworks

O Solidworks é o nosso primeiro software da Dassault, um dos principais concorrentes da Autodesk. Trata-se de um software CAD de modelação e análise de sólidos. As suas funcionalidades de modelação altamente avançadas são suficientemente impressionantes para o tornar um concorrente digno do Inventor. Quer pretenda modelar um componente único ou um conjunto de várias peças, o Solidworks tem as funcionalidades certas para o fazer. No entanto, o SolidWorks não ganha este lugar na lista apenas pelas suas funcionalidades de desenho. Este software possui uma poderosa ferramenta de simulação que lhe permite efetuar análises ao seu modelo. Estas simulações incluem investigação de fadiga de alto ciclo, mecânica de fluidos computacional e simulações de tensão e deformação. Além disso, as ferramentas de visualização e renderização permitem-lhe transformar os seus modelos em animações e imagens de alta qualidade.

Vectorworks

O Vectorworks é um software polivalente de desenho 2D e de modelação 3D que lhe fornece várias ferramentas. Este produto é composto por vários produtos individuais e totalmente funcionais para diferentes aplicações. Estas indústrias incluem a engenharia mecânica, o entretenimento, a engenharia civil, a arquitetura, o paisagismo, a construção e a gestão de palcos. Os vários produtos Vectorworks com capacidades de modelação 3D e as indústrias relacionadas são os seguintes O Vectorworks Fundamental é um software de modelação e documentação 2D e 3D que permite desenhar, modelar e analisar. Contrariamente ao nome do software, não existem caraterísticas básicas neste produto. As capacidades deste software incluem modelação e simulação de sólidos. O Vectorworks Architect é utilizado para criar modelos de arquitetura 3D utilizando um conjunto de ferramentas visuais integradas em BIM (Building Information Modeling). O Vectorworks Landmak é dedicado ao design e planeamento paisagístico. Outros produtos Vectorworks incluem o Vectorworks Spotlight, o Vectorworks Designer e o Vectorworks Braceworks.

Borda sólida

Desenvolvido pela suite de software PLM da Siemens, o Solid Edge é um pacote de software CAD para design mecânico e elétrico e desenvolvimento de produtos. Este software oferece uma combinação de flexibilidade e controlabilidade na modelação paramétrica com a velocidade e simplicidade da modelação direta. O Solid Edge possui um conjunto completo de funcionalidades necessárias para o desenvolvimento de produtos. Uma destas funcionalidades, o design mecânico e elétrico, é utilizada para criar modelos sólidos, desenhos detalhados, peças de chapa metálica e montagem de cima para baixo. Outras funcionalidades do software incluem simulação, gestão de dados, produção e publicações técnicas.

Onshape

O Onshape é um pacote de software CAD centrado na mecânica, capaz de gerir todos os aspectos do desenvolvimento de produtos. É um dos dois pacotes de software da nossa lista que é fornecido online através de um modelo SAAS. Este software elimina a necessidade de descarregar, instalar ou atualizar, uma vez que a versão mais recente está sempre disponível através de navegadores Web. O Onshape centra-se principalmente no CAD mecânico e possui um conjunto impressionante de funcionalidades de modelação 3D. Estas funcionalidades permitem-lhe criar sólidos complexos, construir montagens detalhadas e trocar ficheiros. Além disso, o Onshape inclui bibliotecas de conteúdos padrão.

Fusão 360

Outro software poderoso da Autodesk na nossa lista é o Fusion 360. Trata-se de um software totalmente integrado para modelação CAD, CAM e CAE. O Fusion 360 elimina os processos de fabrico de produtos desarticulados, uma vez que combina conceção, fabrico e engenharia num único pacote. As caraterísticas do CAD Fusion 360 podem ser classificadas da seguinte forma. Conceção/modelação 3D, conceção generativa e simulação, e outras funcionalidades de documentação e fabrico. O Fusion 360 permite-lhe criar sistemas individuais ou multicomponentes altamente

complexos utilizando métodos geométricos e baseados em parâmetros. As suas
poderosas funcionalidades de simulação incluem a otimização de formas,
frequência modal, simulação de eventos e análise de tensões estáticas.

Revit

O Revit é um pacote de software BIM (Building Information Modeling) polivalente
dedicado à engenharia arquitetónica, engenharia civil, engenharia MEP (mecânica,
eléctrica e de canalização), paisagismo e projeto estrutural. Este software
profissional é um pacote completo para todas as necessidades de projeto e
construção de edifícios. Este software permite que os profissionais de design nos
domínios mencionados concebam e modelem estruturas 3D com anotações 2D.
Além disso, as ferramentas BIM do Revit 4D dão aos utilizadores a capacidade não
só de acompanhar o progresso de um projeto ao longo do tempo, mas também de
prever a duração de cada fase do ciclo de vida de uma estrutura.
Independentemente da complexidade do edifício que está a modelar, o Revit
fornece ferramentas para o ajudar a projetar, analisar e simular. As suas
funcionalidades podem ser classificadas em design arquitetónico, construção e
engenharia de construção, MEP e engenharia estrutural e construção.

CATIA

O CATIA é um pacote de software de modelação 3D industrial polivalente. Este
software é o segundo software da Dassault Systems na nossa lista. Tal como o
Vectorworks, o Catia tem uma série de produtos que se destinam a diferentes áreas
da modelação 3D. EXPERIÊNCIA 3D O CATIA é o principal produto no domínio de
todas as actividades de conceção e engenharia. Este produto permite-lhe criar
diferentes tipos de peças e conjuntos 3D para uma vasta gama de processos de
engenharia. As ferramentas deste produto são categorizadas em fabrico,
conceção/conformação, engenharia e engenharia de sistemas. Utilizando o CATIA
V5, os utilizadores podem efetuar a conceção mecânica, a conceção de formas, a
síntese de produtos, a engenharia de equipamentos e sistemas, a análise e a
maquinagem.

Creo

O Creo é outro software de conceção 3D que permite efetuar processos CAD, CAM e CAE para a conceção e o desenvolvimento de produtos. Este software permite aos utilizadores conceber e produzir os seus próprios produtos. O software Creo possui uma variedade de ferramentas, capacidades e funcionalidades fantásticas para levar os seus produtos de uma simples ideia e conceito iniciais a um protótipo digital detalhado. As funcionalidades do Creo podem ser classificadas em modelação e design, simulação e análise, realidade aumentada, design integrado inteligente, fabrico aditivo e design baseado em modelos.

Conhecer a utilização do AutoCAD na engenharia mecânica

A conceção e o desenho são duas tarefas proeminentes e vitais na engenharia, especialmente no que diz respeito à arquitetura, construção, fabrico, indústrias eléctrica, mecânica e aeroespacial. As organizações estão a abandonar os processos manuais e a optar por soluções baseadas em computador para aumentar a produtividade, a precisão e simplificar os fluxos de trabalho. Uma das tecnologias ou software importantes que impulsionam as práticas modernas de conceção e desenho é o Autodesk AutoCAD (software de conceção e desenho assistido por computador). Por outro lado, a engenharia mecânica é um dos campos de engenharia mais prósperos nos sectores público e privado, bem como nas grandes e pequenas indústrias e até na medicina, onde o principal foco dos engenheiros mecânicos é o design funcional, o planeamento e o design de objectos mecânicos; este design pode ser uma peça de máquina, um motor-ferramenta ou uma máquina ou dispositivo completo, como um robô ou um frigorífico, que é avaliado e revisto no curso de engenharia mecânica. O AutoCAD é um programa de desenho amplamente utilizado pelos engenheiros mecânicos para gerar desenhos preliminares e detetar erros ou falhas no desenho antes da produção. Isto ajuda-os a poupar tempo e energia ao mesmo tempo. Os engenheiros mecânicos e as pessoas envolvidas na conceção e fabrico de máquinas utilizam o AutoCAD para desenhar ferramentas e peças específicas da indústria. Por conseguinte, a formação em autocad é uma das necessidades básicas de um engenheiro mecânico no mundo atual.

AUTOCAD

O AutoCAD ou "Auto Computer Aided Design" é um dos softwares de desenho 3D e 2D mais utilizados para a produção de desenhos de engenharia, arquitetura e construção, que foi inicialmente desenvolvido e comercializado pela Autodesk. O AutoCAD possui um poderoso conjunto de funcionalidades que ajudam a criar diagramas, esquemas, estruturas e mapas realistas. O CAD é amplamente utilizado em indústrias, incluindo a indústria alimentar, para publicidade, dimensionamento de tubagens, animação por computador e criação de modelos para fabrico. O desenho criado com a ajuda de programas informáticos é utilizado para gerar modelos, criar desenhos e produzir componentes, e a análise ajuda a calcular os níveis de tensão, a forma como as forças afectam e o efeito de alguns elementos (limitados) na estrutura. Mais de 60% dos defeitos das peças produzidas estão relacionados com esboços vagos ou modificações incorrectas e incompletas, que podem ser resolvidos com o apoio do AutoCAD; por conseguinte, é óbvio que o AutoCAD é um método mais adequado do que o método de prototipagem convencional.

Com a ajuda das suas funcionalidades avançadas, o AutoCAD ajuda os desenhadores a preparar planos e desenhos na criação de planos preliminares para edifícios, estruturas, pontes e chips de computador, além de aumentar a produtividade do desenhador e todo o processo de desenho, melhorando o projeto.

Vantagens do AutoCAD

Desenhar, criar desenhos detalhados e desenhos técnicos Criar, modificar, analisar ou otimizar eficazmente um desenho Proporcionar uma elevada precisão de desenho e redução de erros Poupar dinheiro e tempo Capacidade de transferir facilmente dados e ficheiros Criar e gerir uma base de dados de produção abrangente Permitir a utilização de nuvens de pontos Cálculos rápidos de massa, área, volume e centro de gravidade Suporte para todos os tipos de formatos de imagem, mapas, ficheiros PDF, etc.

A importância do software AutoCAD na engenharia mecânica

Em várias indústrias e especialmente no sector da produção, as empresas dependem frequentemente de sistemas mecânicos para alcançar um resultado ou produto final. Geralmente, espera-se que estes sistemas mecânicos produzam resultados precisos e óptimos com um tempo de inatividade mínimo ou manutenção limitada. Consequentemente, estes processos recebem uma atenção e supervisão significativas para garantir que estes padrões de desempenho são alcançados e que os objectivos de receitas/lucros são atingidos ou ultrapassados. No entanto, com uma ênfase tão grande no resultado final, o que é frequentemente esquecido é o facto de que algumas pessoas tiveram de conceber e desenvolver esses sistemas mecânicos. E a principal responsabilidade por este aspeto do processo de fabrico é dos engenheiros mecânicos. Os engenheiros mecânicos têm a tarefa de fornecer soluções eficazes e económicas para o desenvolvimento de processos e produtos. Isto pode incluir a conceção de novas máquinas ou a reconfiguração ou melhoria de produtos e tecnologias existentes. O âmbito destes projectos pode ser vasto, desde micropeças a motores e máquinas de grande escala, entre outros. Embora seja teoricamente possível criar modelos à escala real destes processos, produtos, peças, máquinas, etc., provavelmente não é económica ou fisicamente viável, especialmente se o projeto inicial for complexo ou não produzir o resultado desejado. Por esta razão, a utilização do software AutoCAD desempenha um papel importante no trabalho efectuado pelos engenheiros mecânicos. O AutoCAD é um software de desenho assistido por computador que os engenheiros mecânicos podem utilizar no seu trabalho para criar protótipos e simulações e isolar quaisquer ineficiências ou defeitos antes da produção, poupando assim tempo, dinheiro e recursos. do Os engenheiros mecânicos utilizam o AutoCAD para esboçar e analisar ideias para determinar a melhor solução para um problema nas fases iniciais de um projeto de desenho. O AutoCAD elimina a necessidade de fazer novos desenhos para cada versão de uma ideia. Também ajuda a interpretar os desenhos, a localizar defeitos e quaisquer inconsistências.

Vantagens do AutoCAD para engenheiros mecânicos

Como já foi referido, o AutoCAD é um poderoso software para desenho bidimensional normalizado com capacidades especializadas para departamentos de produção, engenharia e desenho mecânico e empresas envolvidas no fluxo de trabalho de prototipagem digital. O software AutoCAD Mechanical inclui todas as funcionalidades e recursos do AutoCAD, para além de uma biblioteca de peças e ferramentas baseadas em padrões. Os utilizadores podem automatizar as tarefas de engenharia mecânica de fabrico de componentes de máquinas, criar listas de materiais, ter mais de 700.000 peças inteligentes para suportar ANSI, ISO, DIN, JIS, BSI, CSN e... Nesta secção, tentou-se apresentar algumas das principais vantagens da utilização do AutoCAD para ajudar os engenheiros mecânicos a desenvolver eficazmente modelos digitais 3D precisos e a formar uma base de dados escalável de informações dimensionais e, finalmente, poupar dinheiro, energia e tempo em comparação com outros métodos convencionais.

Geração do projeto: A fase inicial em que os engenheiros mecânicos podem esboçar as suas ideias e analisá-las para determinar a solução mais adequada para um determinado problema. O AutoCAD pode ser utilizado nesta fase de conceção do produto. Um engenheiro mecânico pode fazer um desenho do projeto e pode também visualizá-lo em realidade virtual. Não há necessidade de redesenhar em caso de alterações e, em vez disso, pode utilizar redesenhos simplificados.

O Mechanical CAD: (MCAD), também designado Mechanical Design Automation (MDA), permite aos engenheiros mecânicos criar projectos de produtos com desenhos técnicos precisos e detalhados (modelos 2D ou 3D) e especificações de engenharia e fabrico. A modelação CAD 3D pode ser definida como o processo de desenvolvimento de especificações detalhadas e desenhos pormenorizados para ajudar na conceção e fabrico de produtos mecânicos e respectivos componentes. No desenho 3D, são utilizadas operações como Polyline, Trim, Extend e outros comandos de desenho para ajustar a forma.

Resolução de problemas: Há certos pontos no projeto que não são considerados durante a produção. Estes pontos podem incluir defeitos ou erros no projeto. O AutoCAD permite ao designer interpretar estas inconsistências ou encontrar defeitos e, assim, determinar quaisquer elementos incorrectos no produto existente. Como resultado, ajuda os engenheiros mecânicos a resolver o problema, poupando tempo considerável.

Simulação: Uma das melhores caraterísticas do AutoCAD é a simulação gráfica que ajuda o designer a ver como funciona o modelo projetado. Após a criação do protótipo do projeto, é criada uma versão simulada do protótipo e este protótipo real é mostrado em ação. Por conseguinte, a simulação ajuda o engenheiro a saber antecipadamente se o modelo está a funcionar como esperado e também a fazer as alterações necessárias.

Garantia de qualidade: Os componentes de análise do AutoCAD permitem aos engenheiros mecânicos simular diferentes ambientes e tensões num protótipo.

Podem determinar o desempenho de uma peça ou máquina em ambientes extremos ou condições de stress. O software também permite aos engenheiros mecânicos gerar especificações úteis e fornecer exatamente aquilo de que os clientes necessitam. Pode ajudá-los a determinar o desempenho do projeto num ambiente específico. Para além de determinar o aspeto do desempenho do protótipo, permite testar o desempenho do protótipo num determinado momento e mostrar a taxa de desempenho esperada, de modo a que o intervalo de desempenho da máquina possa ser estimado com precisão antes de qualquer manutenção.

Desta forma, o AutoCAD pode ajudar os engenheiros mecânicos a produzir as especificações corretas e a fornecer o produto exato de que o cliente necessita.

Prototipagem digital: Em vez de efetuar alterações físicas a cada desenho/produto, o software AutoCAD permite ao engenheiro/designer simular diferentes iterações e testar o desempenho/resposta de cada uma em condições/ambientes específicos.

Isto acelera o processo de teste e aperfeiçoamento, bem como o tempo de desenvolvimento do protótipo real: Após a compra inicial do software, o AutoCAD pode reduzir significativamente os custos, eliminando a necessidade de comprar ou utilizar materiais físicos na fase inicial do projeto.

Além disso, o AutoCAD permite que os engenheiros testem instalações ou trabalhos em grande escala que, de outra forma, seriam proibitivamente caros. Vantagem competitiva: A velocidade e a flexibilidade oferecidas pelo software AutoCAD podem significar a diferença entre ser o primeiro a obter uma patente, o primeiro a implementar um sistema ou processo, ou o primeiro a chegar ao mercado, ou ser deixado para trás no terreno.

Muito competitivo. Comunicação simplificada: Nos casos em que algumas fases de conceção e fabrico estão descentralizadas, o armazenamento de dados em formato digital de réplicas de protótipos e de resultados de testes permite uma comunicação mais coerente e fluida entre estes grupos e departamentos.

Controlo de qualidade: Outro domínio vital no qual o software AutoCAD desempenha um papel fundamental. Os utilizadores podem simular diferentes condições (por exemplo: tensão, temperatura, repetição) para ver como um produto ou sistema se comporta ao longo do tempo, ajudando assim a definir especificações estruturais e funcionais.

Os aspectos mencionados são apenas parte dos benefícios da aprendizagem de AutoCAD e das suas capacidades para os engenheiros mecânicos; existem mais benefícios que não só os engenheiros mecânicos, mas também os engenheiros civis e eléctricos podem obter através da formação em AutoCAD. Por conseguinte, se pretender desenhar na indústria transformadora, na indústria da moda ou noutras profissões mencionadas ou com elas relacionadas, será necessário aprender AutoCAD. Pode aprender o AutoCAD de forma teórica e prática com a ajuda de especialistas e professores experientes do Grupo de Ensino Superior Novin Parsian e, num curto espaço de tempo, adquirirá as competências necessárias e suficientes para utilizar nos seus empregos e cursos académicos e universitários.

Conceber o projeto técnico da invenção

Para uma compreensão visual do objeto da invenção e para compreender a relação entre os elementos e componentes do desenho ou modelo e o seu funcionamento, é importante dispor de figuras, desenhos técnicos, diagramas e afins. Não é permitido fornecer o mapa técnico, as imagens e afins no texto da "descrição da invenção" e, em vez disso, é necessário combinar e apresentar estes elementos num ficheiro separado chamado mapa técnico, com a explicação de que a relação entre os elementos do ficheiro do mapa técnico e as explicações relacionadas no ficheiro da "descrição da invenção" é feita através dos números e sinais que constam do ficheiro do desenho técnico. Os elementos da ficha de mapa técnico podem incluir planos e vistas técnicas, mapas explodidos, diagramas de processos (sob a forma de diagramas de blocos), imagens, diagramas, tabelas, formulações, reacções, resultados de análises, etc. Deve ser desenhado à mesma escala e com linhas a preto e branco (não sólidas), seguindo os princípios do desenho, tendo em conta todos os pormenores técnicos. Um desenho técnico pode ser feito à mão, mas este desenho deve ser feito de forma técnica, o que na maioria dos casos requer uma habilidade especial para desenhar um desenho técnico à mão (um simples desenho feito por uma pessoa sem habilidades de desenho é aceitável, pois não é um mapa técnico), pelo que se recomenda a utilização de diferentes softwares de desenho para preparar um mapa técnico. Embora possa ser útil para apresentar uma imagem real da invenção, geralmente não é aceitável como desenho técnico. Se existirem muitos mapas ou imagens, cada um deles deve ser numerado e, se necessário, as partes dos mapas e das imagens também devem ser numeradas ou marcadas. É importante ter em atenção que os mesmos componentes e peças em diferentes vistas devem ter o mesmo número ou símbolo.

Os desenhos de arquitetura e de engenharia são importantes para os projectos de construção. Estes desenhos incluem vários pormenores de construção que são utilizados para a conceção, construção e manutenção do edifício. Por exemplo, nos desenhos de arquitetura, a planta geral do edifício, o tamanho e a forma das divisões, janelas, portas e varandas são os mesmos pormenores. Nos desenhos de engenharia, são especificados os pormenores do edifício, tais como os métodos de construção dos sistemas de água, eletricidade, aquecimento e proteção. A utilização correta dos desenhos de arquitetura e de engenharia pode reduzir os custos, o tempo e os erros no processo de construção e aumentar a qualidade do edifício. Por conseguinte, os planos de arquitetura e de engenharia são considerados essenciais para qualquer construção.

Caraterísticas das impressoras de mapas de arquitetura e engenharia

As impressoras de mapas de arquitetura e construção são utilizadas para imprimir todos os tipos de mapas técnicos e de construção. Devido à necessidade de elevada precisão nos trabalhos de engenharia e arquitetura, as impressoras devem imprimir mapas com elevada precisão. Para imprimir mapas de grandes dimensões, a velocidade de impressão é muito importante. As impressoras de mapas devem ser capazes de imprimir em diferentes tamanhos, incluindo impressoras A4 a A0. As impressoras de mapas devem ser capazes de imprimir com elevada qualidade, especialmente no domínio da impressão de mapas a cores. Para utilização no local de trabalho, a impressora deve ter conetividade de rede para permitir a impressão remota. O custo de impressão é muito importante para as impressoras cartográficas e deve ser especificado de forma a que o cliente o possa pagar.

Quais são as impressoras mais importantes para desenhos de arquitetura e engenharia?

As impressoras utilizadas para imprimir mapas de arquitetura e engenharia devem ser capazes de imprimir com elevada precisão e em diferentes tamanhos. As impressoras de plotter com elevada precisão e capacidade de imprimir em tamanhos grandes são utilizadas para imprimir desenhos de arquitetura e engenharia. Além disso, as impressoras laser também são adequadas para imprimir mapas de arquitetura e engenharia e, para além da elevada precisão, também têm uma elevada velocidade de impressão.

As impressoras mais importantes utilizadas na indústria da arquitetura e engenharia

Impressoras de plotter: Estes tipos de impressoras são utilizados para imprimir mapas arquitectónicos, mapas geográficos e mapas técnicos. A capacidade de impressão destes dispositivos é muito elevada e podem imprimir em diferentes tamanhos. A elevada precisão de impressão destes dispositivos tornou-os muito populares na indústria da arquitetura e da engenharia. Impressoras laser: estes dispositivos também são adequados para a impressão de mapas de arquitetura e engenharia e funcionam com elevada precisão e velocidade de impressão. As impressoras a laser são normalmente capazes de imprimir em dimensões mais pequenas do que as impressoras de plotter e adaptam-se a ambientes mais pequenos.
impressoras nkjet: Recomendadas para a impressão de mapas a cores e simples. Tendo em conta que o custo de impressão com impressoras de jato de tinta é mais baixo, para quem pretende imprimir um grande volume de mapas, as impressoras de jato de tinta são uma boa opção. Em suma, escolha a que melhor se adapta às suas necessidades de impressão. Se o seu objetivo é uma impressão de alta qualidade, as impressoras de plotter e laser são boas opções, mas se o seu objetivo é uma impressão de baixo volume com o menor custo, as impressoras de jato de tinta são recomendadas.

Conhecimento exato, completo e prático da máquina de plotter

O plotter, um dispositivo de impressão de grandes dimensões, é utilizado para imprimir mapas, diagramas, desenhos industriais e arquitectónicos e outros desenhos de grandes dimensões. Este dispositivo funciona com grande precisão e alta velocidade e imprime imagens com precisão e alta qualidade através de um software especial que está ligado a ele. Devido à sua elevada precisão, o dispositivo de plotter é utilizado em várias indústrias, como a arquitetura, as indústrias espaciais, o fabrico de automóveis, as indústrias do petróleo e do gás e a construção. Além disso, este dispositivo também é utilizado no ensino técnico e no ensino de desenho e design industrial. Algumas das caraterísticas da máquina de plotter incluem alta precisão, alta velocidade, a capacidade de imprimir em tamanhos grandes, a capacidade de imprimir em cores diferentes, a capacidade de imprimir em materiais diferentes e a capacidade de se ligar a redes informáticas. Em geral, a máquina de plotter é uma máquina prática e profissional para imprimir mapas, desenhos industriais e arquitectónicos e outros desenhos de grandes dimensões, que são utilizados em várias indústrias devido à sua elevada precisão e velocidade.

Tipos de plotters

Os plotters são dispositivos utilizados para imprimir mapas de grandes dimensões ou imagens digitais. Estes dispositivos dividem-se em dois tipos: analógicos e digitais.

Plotter analógico: Este tipo de plotter é utilizado para imprimir mapas de grandes dimensões utilizando canetas de desenho e superfícies de papel especiais. Estes dispositivos são normalmente utilizados na indústria da construção, arquitetura, design de interiores e indústria gráfica.

Plotter digital: Este tipo de plotter é utilizado para imprimir imagens digitais e ficheiros gráficos. Estes dispositivos são normalmente utilizados na indústria da impressão e da publicidade, no design industrial, no design de interiores e na indústria dos jogos de computador.

As plotters estão divididas em vários tipos com base no tipo de impressão, tamanho da impressão, número de cores e precisão da impressão. Familiarizar-se com esta divisão ajudá-lo-á a escolher o dispositivo que pretende de acordo com as suas necessidades.

Plotter de grande formato: Este tipo de plotter é utilizado para imprimir mapas de grandes dimensões e imagens digitais de grande dimensão. Estes dispositivos são normalmente utilizados na indústria da impressão e da publicidade, bem como no design de interiores e na arquitetura.

Plotter de rolo: Este tipo de plotter é utilizado para imprimir mapas grandes e extensos utilizando um rolo de papel. Estes dispositivos são normalmente utilizados na indústria da construção, na arquitetura e no design de interiores.

Plotter UV: Este tipo de plotter é utilizado para imprimir em superfícies lisas e duras, como vidro, metal e plástico. Estes dispositivos são normalmente utilizados nos sectores da publicidade e da decoração de interiores.

Plotter laminador: Este tipo de plotter é utilizado para laminar e cobrir mapas e imagens. Estes dispositivos são normalmente utilizados na indústria da impressão e da publicidade, bem como na decoração de interiores.

Várias aplicações de plotter

Os plotters são utilizados em várias indústrias devido à sua elevada precisão e capacidade de imprimir mapas grandes e imagens digitais de alta qualidade. No domínio do design industrial, os plotters são utilizados como uma ferramenta muito importante na criação de modelos 3D e desenhos técnicos. Na indústria da construção e da arquitetura, os plotters são utilizados como uma ferramenta muito importante na impressão de mapas de edifícios de grandes dimensões e mapas de design de interiores. Além disso, no sector da impressão e da publicidade, os plotters são utilizados como uma ferramenta muito importante na impressão de imagens de alta qualidade e de grande volume.
Os plotters precisos e abrangentes são conhecidos como uma ferramenta muito importante na produção de modelos 3D, desenhos técnicos e imagens de alta qualidade em vários sectores. Utilizando plotters de precisão, podem ser impressos com elevada precisão desenhos de construção de grandes dimensões, desenhos de design de interiores, desenhos técnicos e imagens de alta qualidade. Além disso, os plotters de precisão são utilizados como uma ferramenta importante na produção de modelos 3D, que são muito úteis no design industrial e no design de produtos. Em geral, os plotters são considerados uma ferramenta importante para a impressão de mapas grandes e largos. Utilizando estes dispositivos, é possível imprimir mapas grandes e imagens de alta qualidade com elevada precisão e utilizá-los em design industrial, arquitetura, impressão e publicidade e design de interiores.

Pode imprimir desenhos de arquitetura e de engenharia com impressoras de plotter, laser e jato de tinta. As plotters são adequadas para imprimir desenhos de arquitetura e de engenharia de qualquer forma. Os plotters também se dividem em diferentes tipos. Com a plotter, pode imprimir mapas amplos com elevada qualidade.

Primeiro capítulo: Sistema e atitude sistémica - O que é um sistema?

Um sistema é um conjunto de componentes interdependentes que, devido à dependência dos seus componentes, estabeleceu um novo todo, segue uma determinada ordem e organização e trabalha para a realização de um determinado objetivo que é a razão da sua existência. Existem inúmeros sistemas. Alguns exemplos de sistema são: moléculas; células; plantas; animais; seres humanos; sociedades; máquinas e outros sistemas mecânicos; sistemas cósmicos; sistemas sociais, políticos, económicos e culturais; sistema de informação; computador; sistemas de produção, educação, segurança social, serviços médicos, comunicação de massa, contabilidade, arquivo, sistema de salários, avaliação e controlo de funcionários; a escrita com que escrevemos, a língua com que falamos e....... Neste artigo, os conceitos de sistema e sistema são tomados como sinónimos. entrada As entradas ou dados são: tudo o que entra no sistema de alguma forma e provoca o movimento e a eficácia do sistema. processo de conversão A entrada que entra no sistema é alterada e transformada de acordo com o programa do sistema. Exemplo:

No sistema universitário, o estudante, que é um dos dados do sistema, está em processo de transformação, e a sua mente familiariza-se com conceitos, palavras e materiais científicos, e ocorrem mudanças na sua atitude. Resultados: Os dados incluídos no processo Tidil são exportados do sistema para o ambiente sob a forma de bens ou serviços, de acordo com a ordem e a organização que rege o sistema. Estudantes de pós-graduação, investigação e pesquisa são alguns dos funcionários do sistema universitário. devolver O feedback é um processo cíclico em que uma parte dos dados é devolvida à entrada como informação, tornando assim o sistema "auto-controlado". Por exemplo, se um estudante licenciado não consegue ser atraído para o mercado de trabalho devido à inadequação do ensino universitário às necessidades reais do mercado de trabalho, é necessário efetuar reformas no sistema de ensino universitário. Sistemas principais e subsidiários Os sistemas dividem-se em duas categorias principais e subcategorias:

um subsistema é uma parte que supervisiona e executa uma tarefa específica e se esforça por atingir um determinado objetivo; este subsistema, que desempenha um papel especial, é um dos componentes de um sistema maior que pode ser designado por "sistema principal". A divisão dos sistemas em abertos e fechados é outra classificação dos sistemas. Um sistema fechado é um sistema simples que não comunica com o seu ambiente, ou seja, os seus dados rodam incessantemente, como um sistema de circulação de água; pelo contrário, um sistema aberto é um sistema que está ligado ao seu ambiente, ou seja, pega em algo, coloca-o em processo de mudança e transformação, e depois devolve-o ao ambiente. Os sistemas fechados perdem a sua organização ou a sua direção de atividade muda ao lidar com o ambiente. Em todos os sistemas, existem factores que actuam contra a ordem do sistema e perturbam a ordem do sistema. Estes factores são designados por "entropia". A entropia divide-se em dois tipos: a entropia positiva, que actua contra a direção da correção dos desvios e a favor da sobrevivência do sistema no meio ambiente. Propriedades do sistema aberto

1- Totalidade existencial e completude Na sua totalidade existencial, o sistema manifesta propriedades que não existem nos seus componentes isolados. Esta totalidade não é o resultado da reunião de componentes isolados, mas sim da ligação dos componentes entre si e da forma como se combinam em ordem e organização, o que cria o sistema como um todo.

2- Hierarquia Os escalões de existência são uma cadeia de escalões em que cada escalão tem construção e propriedades para além das caraterísticas do escalão anterior.

3- Correlação de componentes O significado de correlação é que cada componente do sistema está relacionado com outros componentes de alguma forma e, devido à existência desta correlação, se houver um defeito num componente, os outros componentes também serão afectados por esse defeito.

4- Proporção de componentes Entre os componentes de qualquer sistema, existe proporcionalidade, complementaridade e complementaridade mútua. A existência de proporcionalidade entre os componentes preserva a identidade e a totalidade do sistema.

5- Rotação circular O processo de entrada, conversão e saída é um fluxo contínuo.

6-propriedade de reprodução Outra caraterística dos sistemas abertos é o desejo de imortalidade. Os sistemas tendem a imortalizar-se e a continuar a sua vida o mais tempo possível.

7-Hampai O sistema pode atingir um mesmo objetivo por diferentes vias e caminhos. Por outras palavras, o mesmo estado final pode ser obtido a partir de diferentes condições iniciais e de diferentes formas.

8- Tendência para a aniquilação No interior dos sistemas, existem factores que desviam o sistema da sua direção original e tendem para o desequilíbrio.

9- Tendência para a evolução O significado de evolução é a complexidade da construção e a variedade das propriedades. Se a estrutura do sistema se torna mais complexa e, em resultado dessa complexidade, aparecem funções mais diversas do sistema e são fornecidas mais propriedades, o sistema tornou-se mais avançado.

10- Tendência para a evolução ou auto-aperfeiçoamento dinâmico Outra caraterística dos sistemas abertos é a caraterística de equilíbrio dinâmico ou de auto-manutenção. Este estado, que é conhecido como "homeostase", significa o esforço do sistema para manter as suas variáveis essenciais dentro de um determinado intervalo, de modo a continuar a vida do sistema.

Capítulo 2: O que é a análise de sistemas e quem é um analista de sistemas?

Definição de análise do sistema Analisar o sistema significa conhecer os diferentes aspectos do sistema e saber como funcionam os componentes do sistema e examinar a forma e a extensão da relação entre os seus componentes; a fim de obter uma base para a conceção e implementação de um sistema mais adequado. A análise ajuda-nos a compreender bem a situação atual da organização, a conhecer o fluxo de trabalho e a avaliá-lo, e a escolher e recomendar a melhor solução para resolver as ineficiências e os problemas. Numa organização, o sistema é também definido como um conjunto de métodos, métodos esses que dependem uns dos outros e que, com a sua implementação, uma parte do objetivo organizacional é alcançada. Os métodos, por sua vez, são um conjunto de diferentes formas de fazer o trabalho que podem ser ajudados a atingir o objetivo final da organização. Um método é uma série de operações e passos que são executados para implementar o todo ou uma parte de um sistema. O método consiste em explicar os pormenores e a forma de fazer o trabalho; por exemplo, utilizar um cartão para a assiduidade e ausência dos empregados e utilizar um computador para ajustar a lista de salários dos empregados.

Comunicação de gestão com análise de sistemas

Uma das tarefas mais importantes dos gestores é a tarefa de criar mudanças. Ao mesmo tempo que mantêm o equilíbrio da sua organização, os gestores são obrigados a efetuar as mudanças necessárias na sua organização em sintonia com as últimas mudanças e desenvolvimentos que ocorrem no mundo e a utilizar os métodos e formas de trabalho mais recentes na gestão dos assuntos da sua organização. . Os gestores devem ser os agentes da mudança e acreditar no princípio de que a rapidez de aceitação de novas ideias e métodos contribui para o sucesso da sua organização. Devem pedir aos seus colegas que participem efetivamente no processo de mudança e que apresentem as suas opiniões construtivas e corretivas para que as mudanças se façam. Sempre que as pessoas participam no processo de tomada de decisão, demonstram maior cooperação na implementação da decisão e da mudança. Quanto mais as pessoas estiverem conscientes das mudanças e das suas consequências, maior será a sua participação e menor será a sua resistência à mudança. É uma organização dinâmica e sustentável que adapta os seus objectivos à evolução das condições e necessidades ambientais e mostra a flexibilidade necessária para alterar a sua estrutura interna de forma compatível com as mudanças ambientais. Com a ajuda da análise dos sistemas e métodos e das formas de trabalho, é possível, em primeiro lugar:

reexaminar os objectivos organizacionais; em segundo lugar: familiarizar-se com a forma de fazer as coisas na situação atual; em terceiro lugar: aperceber-se das deficiências, defeitos e problemas; em quarto lugar: utilizando métodos científicos, escolher melhores formas e métodos e implementá-los.

Se forem convidados peritos de fora da organização para analisar os sistemas e métodos organizacionais, por não estarem familiarizados com os problemas organizacionais, estarão mais aptos a compreender os defeitos existentes e a reconhecer as deficiências. Além disso, com a experiência e as competências que adquiriram no seu trabalho, estas pessoas actuarão com uma visão mais científica na análise dos sistemas organizacionais. Por outro lado, alguns especialistas acreditam que a análise é uma coisa permanente e contínua, e que seria melhor estabelecer uma unidade na organização para este fim e empreender esta importante tarefa continuamente. Para além disso, os trabalhadores da organização podem não estar muito dispostos a que o seu trabalho seja revisto por pessoas externas à organização.

Tarefas da unidade de análise de sistemas

Se a unidade de análise de sistemas for criada dentro da organização, actuará como uma unidade de sede e ajudará os gestores na implementação da tarefa de criação de mudança. As principais tarefas da unidade de análise de sistemas e métodos são mencionadas de seguida:

1- Examinar e analisar a composição e a estrutura da organização, a fim de criar organizações adequadas às necessidades da organização.

2- Estabelecer os sistemas, métodos e formas de trabalho mais adequados na organização.

3- Preparar informações exactas e atempadas para os gestores e funcionários responsáveis.

4- Tentativa de harmonizar a organização com as últimas mudanças e desenvolvimentos através da análise contínua de sistemas e métodos.

5- Compilação de instruções escritas sob recomendação das autoridades responsáveis da organização.

6- Rever e analisar a forma de divisão do trabalho, de modo a repartir o trabalho de forma lógica e correta entre os empregados.

7- Revisão e análise do fluxograma de trabalho, a fim de evitar interferências e repetições e eliminar etapas de trabalho redundantes.

8- Investigar e analisar a afetação do espaço e do lugar, a fim de utilizar eficazmente a mão de obra e a educação física do trabalho.

9- Medição do trabalho com o objetivo de reduzir o tempo de execução do trabalho e criar rapidez no fornecimento de bens e serviços a clientes e consumidores.

10- Verificar e controlar os formulários exigidos pela organização.

11- Revisão e análise do sistema de arquivo e gestão de documentos.

12- Examinar a forma de estabelecer e implementar novos sistemas "tais como sistemas mecanizados e informatizados".

13- Reforçar o espírito de cooperação e de colaboração entre os colaboradores da organização.

14- Esforços para aumentar o nível de eficácia e de produtividade de toda a organização.

Benefícios da análise de sistemas

1- Investigar problemas organizacionais.

2- Através da análise dos sistemas, o trabalho pode ser simplificado e a produtividade da organização pode ser aumentada.

3- Considerada uma ação destinada a ajudar os gestores e os responsáveis na elaboração das políticas e na tomada de decisões.

4- É possível criar uma estrutura organizacional mais adequada, métodos de implementação mais eficientes e métodos operacionais mais frutíferos.

5- É possível tirar o melhor partido da força e do esforço dos trabalhadores.

6- A quantidade de erros e enganos é reduzida.

7- Os métodos de obtenção de informações exactas e oportunas sobre a situação atual.

Quem é um analista de sistemas?

Um analista é uma pessoa interessada no trabalho de análise de sistemas e métodos e um perito neste domínio que, utilizando a sua aprendizagem científica e a sua experiência prática, possui as qualificações necessárias para efetuar investigações exaustivas e completas em matéria de análise. Algumas das caraterísticas do analista são as seguintes

1- O analista deve acreditar e estar interessado no trabalho de análise.

2- O analista deve ter um espírito questionador.

3- O analista é obrigado a ver os componentes do sistema em relação uns aos outros e a torná-los coordenados e unidos.

4- O analista deve estar consciente do importante papel dos colaboradores da organização e estar familiarizado com as questões humanas e os pormenores do comportamento dos colaboradores na organização.

5- O analista deve distinguir as causas dos efeitos através de uma investigação minuciosa e de uma abordagem sistemática e, para resolver o problema, deve tomar medidas para identificar as principais causas do problema e apresentar soluções lógicas e racionais para eliminar as causas reais.

6- O analista deve ver a realidade tal como ela é e tentar manter a sua neutralidade.

7- O analista deve também prestar atenção aos aspectos morais e aos aspectos valorativos.

8- O analista deve ser paciente.

O terceiro capítulo: Conhecer as etapas da análise de sistemas

Etapas da análise de sistemas

1- explicação e justificação do problema;

2- Criar hipóteses sobre o problema e as suas causas: o analista cria hipóteses sobre os factores que causaram o problema.

3- Escolher a hipótese de Ohm;

4- Recolha de informações sobre a hipótese de Ohm (por exemplo, utilização da biblioteca, de documentos e de arquivos, consulta de tabelas e organogramas, observação, elaboração de questionários e realização de entrevistas)

5- Classificação da informação adquirida; (O método de classificação depende também do assunto e do tipo de informação obtida).

6- Análise da informação: são levantadas questões sobre o quê, porquê, quem, como e as condições de tempo e lugar do assunto.

7-Obtenção do resultado e apresentação da solução: apresenta sugestões razoáveis e lógicas para resolver o problema.

8- Preparar e editar o relatório: O que foi feito até esta fase deve ser preparado e editado num relatório e disponibilizado às autoridades responsáveis.

9- Execução;

10- Ensaios de novas concepções;

11- Estabelecer um novo plano;

12- Avaliação do desempenho: O analista é obrigado a reexaminá-lo e a avaliar o seu desempenho.

<u>**Capítulo 4: Princípios e conceitos organizacionais**</u>

A organização é: um sistema constituído por componentes interligados e baseado na ordem e na disciplina que funciona para atingir determinados objectivos, e a organização é a disponibilização das instalações e dos instrumentos necessários para atingir os objectivos da organização.

A estrutura global da organização

Um dos especialistas na área da gestão, Henry Minsberg, considera que todas as organizações têm cinco níveis ou departamentos básicos, que são

1) o serviço de direção, que é responsável pela gestão final dos assuntos da organização;

2) o departamento de gestão intermédia que supervisiona o trabalho das unidades e coordena as suas actividades;

3) o departamento operacional que é responsável pela produção de bens e serviços;

4) O departamento técnico, que é composto por técnicos e peritos e peritos técnicos, e fornece pareceres especializados e técnicos em casos necessários;

5) A sede de apoio, que está fora do fluxo de produção principal da organização e desempenha o papel de ajudar e auxiliar outras unidades. De acordo com Minsberg, em diferentes organizações, dependendo da situação, uma das discussões acima pode ser uma parte fundamental da organização e desempenhar o papel de um modelo e influenciar a estrutura da organização. É óbvio que a estrutura organizacional também será afetada pelo papel e pela importância de cada departamento.

Os principais departamentos da organização

Noções básicas de organização

Existem várias bases para organizar e dividir o trabalho, algumas das quais são aqui brevemente mencionadas:

1- Organização baseada em números: dividir as pessoas aleatoriamente e em categorias iguais e atribuir a cada categoria o desempenho de uma parte das tarefas organizacionais. Este tipo de organização é útil para classificar recursos humanos semelhantes cujas pessoas têm praticamente as mesmas caraterísticas. . Por exemplo: divisão de tarefas nos exércitos medievais.

2- Organização baseada em tarefas: o objetivo principal da organização é dividido em actividades principais, as actividades principais em subactividades, as subactividades em tarefas principais e as tarefas principais em subtarefas, e a execução de cada grupo de tarefas semelhantes e relacionadas é atribuída a uma unidade. Por exemplo, a criação do Ministério da Educação com o objetivo de elevar o nível de ensino no país.

3- Organização baseada no tipo de operação (especialização): Neste método, a divisão dos utilizadores baseia-se no mesmo tipo de atividade, especialização e conhecimento, ou seja, a profissão e a especialização das pessoas que fazem o trabalho serão os critérios para dividir as unidades organizacionais, como a organização médica ou a sede. Serviços informáticos.

4- Organização baseada no cliente: Neste método, é dada atenção aos destinatários dos serviços da organização e a organização é efectuada com base em diferentes grupos de clientes.

5- Organização baseada no território operacional (localização geográfica): Neste tipo de organização, o critério baseia-se na localização e no local de funcionamento; sob a supervisão de uma unidade composta; tal como a formação de unidades de serviço para diferentes áreas urbanas na organização municipal.

6- Organização baseada no produto (tipo de produção): Neste método, a base para agrupar as tarefas e dividir o trabalho é o tipo de produto ou produto que se pretende produzir, como por exemplo, atribuir às unidades organizacionais de uma fábrica a produção de diferentes produtos, tais como: refrigeradores, frigoríficos e esquentadores.

7- Organização baseada em projectos: Este tipo de organização pode ser implementado em organizações onde é possível que os seus objectivos e missões possam ser implementados sob a forma de projectos e programas quase independentes. Podem ser criadas unidades independentes, tantos programas quantos os que existem na organização.

8- Organização matricial: É uma combinação de organização baseada em tarefas e em projectos. Desta forma, o fluxo de autoridade é vertical nas unidades especializadas e horizontal nas unidades executivas, sendo criada uma matriz a partir da intersecção destes dois eixos.

9- Organização com grupos sobrepostos ou organização circular: Esta estrutura é formada sob a forma de grupos ligados por membros comuns. Uma pessoa pode atuar como gestor num grupo, como supervisor noutro grupo e como consultor num terceiro grupo. Nesta estrutura, as relações de grupo são enfatizadas.

10- Organização baseada na construção livre (adhocracia): este tipo de organização tem uma construção temporária, improvisada e urgente e é criada para atingir um determinado objetivo sem um plano prévio. Esta estrutura é muito semelhante à organização matricial, que faz os usos especializados e operacionais mais adequados de inteligência e forças especializadas, de acordo com as exigências das questões levantadas;

11- Estrutura organizacional modular: Neste tipo de organização, a organização
é constituída por diferentes unidades, cada unidade com critérios executivos
específicos e uma missão que é uma miniatura da missão de toda a
organização, de forma independente, descentralizada e autossuficiente.
continua

12- Construções híbridas: Na maioria dos casos, as organizações existentes são
formadas com base numa combinação de dois ou mais dos tipos
enumerados e, quanto maior for a dimensão da organização, mais aumenta
a possibilidade de combinar e combinar vários métodos.

Elaborar um organigrama

O analista sugere um plano adequado para a organização de acordo com a situação
e as condições que regem a organização e as prioridades da direção, tendo em
conta os tipos de bases organizacionais e as vantagens e desvantagens de cada
uma. Os métodos analítico, integrado e combinado podem ser utilizados para
preparar um plano organizacional: No método analítico, as actividades e tarefas são
agrupadas de cima para baixo. Isto significa que o objetivo da organização é dividido
em sub-objectivos, actividades, tarefas e operações, e a implementação de um
conjunto de tarefas e operações é atribuída ao empregado sob o título de um
trabalho. No método de consolidação, o trabalho de agrupamento de operações e
tarefas é efectuado de baixo para cima. Primeiro, são determinados os diferentes
trabalhos que devem ser realizados na organização e, em seguida, trabalhos
semelhantes e relacionados são colocados num grupo e transferidos para uma
unidade organizacional, e este trabalho continua até que a hierarquia
organizacional esteja completa. Na prática, utiliza-se o método combinado, que
resulta de métodos analíticos e integrados, e, ao mesmo tempo que se presta
atenção ao conteúdo dos postos de trabalho, não se esquece a ligação necessária
entre tarefas, actividades e objectivos. Um organigrama é utilizado para mostrar a
estrutura organizacional da organização.

Método combinado

Ao elaborar o organigrama, o analista deve ter em conta os seguintes aspectos

1- Relativamente ao nível de concentração ou não dos assuntos na organização, à limitação ou extensão do âmbito da supervisão e à planura ou altura da hierarquia organizacional, trocar opiniões com a direção e conhecer as suas prioridades.

2- Ser sensível à necessidade de proporcionalidade dos poderes e responsabilidades atribuídos a cada unidade e sugerir um nível organizacional adequado para as unidades.

3- Prestar atenção à atribuição adequada de autoridade entre as unidades de linha e de sede, de modo a facilitar o trabalho de cada um.

4- De acordo com as caraterísticas da situação, nomeadamente: o objetivo da organização e a natureza das suas actividades, o âmbito do trabalho da organização, as caraterísticas dos destinatários dos serviços da organização, o tipo de tecnologia utilizada na organização e o grau de variedade dos bens e serviços nela produzidos, escolher a combinação adequada para organizar e oferecer.

5- Preste atenção à relação entre cada negócio e unidade com o objetivo da organização e certifique-se de que essa relação existe.

6- Verifique o território de cada uma das unidades, não é possível combinar várias unidades entre si e também remover unidades redundantes à distãncia.

7- Para cada uma das unidades organizacionais, tendo em conta a sua importância relativa e reiterando a sua relação com os níveis superiores de gestão, considerar um lugar adequado na hierarquia.

O quinto capítulo: Técnicas de análise de sistemas

As técnicas e técnicas mais comuns que ajudam o analista a melhorar a situação
atual e a sugerir a situação futura são

1- Análise da divisão do trabalho
2- Verificação do fluxo de trabalho
3- Verificar a localização
4- Controlo dos formulários
5- Controlo de documentos e sistemas de arquivo
6- Medição do trabalho
7- Programação de redes (Port. CPM. PDM)

Capítulo 6: Verificar o fluxo de trabalho

O diagrama de fluxo de trabalho é: uma imagem dos diferentes passos que são dados para realizar uma tarefa, desde o início até ao fim. Com a ajuda dos diagramas de fluxo de trabalho, as causas do problema podem ser facilmente procuradas e encontradas no papel e, através de experiências repetidas e da alteração da prioridade e do atraso das etapas de trabalho, bem como de outras alterações necessárias, pode ser descoberta a forma mais adequada do fluxo de trabalho. Os seguintes sinais são utilizados nos diagramas de fluxo de trabalho:

Ação ou ação Este signo representa o trabalho realizado. De facto, a fase principal de qualquer trabalho é a ação. Pode dizer-se que foi realizada uma ação quando algo foi criado ou ocorreu uma mudança ou foi acrescentada uma parte a algo. Por exemplo, escrever uma carta; preencher um formulário; ensinar uma matéria.

Inspeção e controlo Este símbolo é utilizado para indicar a inspeção, o controlo, a comparação e a correspondência entre o que foi feito e os critérios desejados. Por exemplo, a contraposição de uma letra que foi maquinada, o controlo da qualidade dos bens que foram produzidos e a verificação da emissão de um cheque.

Tomada de decisão Embora a tomada de decisão seja uma ação e possa ser representada por um círculo grande, alguns analistas podem preferir utilizar o símbolo do losango para a representar. como tomar decisões sobre o aumento da produção; tomar uma decisão sobre o envio de mercadorias para o cliente; decidir se deve pagar o cheque.

Arquivamento, armazenamento e manutenção Este sinal indica que o trabalho é realizado de forma temporária ou permanente. Por exemplo, registar cartas no dossier; guardar mercadorias num armazém ou numa prateleira; guardar o documento no arquivo.

Atraso ou espera injustificada É o tempo em que o trabalho está a aguardar o passo seguinte.

mover ou enviar As setas ou pequenos círculos podem ser utilizados para mostrar o movimento ou a transferência.

Quando duas tarefas são realizadas simultaneamente, são utilizadas marcas compostas. Estes sintomas incluem:

A- ação e movimento Este signo representa a realização de uma ação enquanto se move; como a pintura corporal enquanto se move.

B- Funcionamento e controlo Este sinal representa uma inspeção durante a operação; por exemplo, pesar garrafas de refrigerante enquanto as enche.

Tipos de diagramas de fluxo de trabalho

Existem dois tipos de diagramas de fluxo de trabalho:

A- gráfico vertical ou de uma coluna

B- Gráfico horizontal ou com várias colunas Etapas de revisão do fluxograma de trabalho

Primeiro passo: Determinar o trabalho-alvo No início do trabalho, o analista deve: examinar, determinar as etapas de realização do trabalho e especificar exatamente o seu ponto de partida e de chegada. Segundo passo: determinar os passos do trabalho Quando o título do trabalho é determinado, deve ser preparada uma lista de todos os passos do trabalho. Terceiro passo: desenhar o diagrama de fluxo de trabalho atual Utilizando a informação obtida no segundo passo, desenha-se um diagrama de fluxo de trabalho para a situação atual. Quarta etapa: Análise do diagrama Quando o diagrama de fluxo de trabalho atual estiver preparado, o analista deve olhar para ele com um olhar crítico e fazer as seis perguntas básicas da análise sobre cada uma das etapas e alterar e modificar a situação atual, encontrando a resposta adequada para elas. A primeira pergunta é sobre o que é cada passo; a segunda pergunta é sobre porquê; a terceira pergunta é sobre quem; a quarta pergunta é sobre como fazer o trabalho e a quinta pergunta é sobre onde fazer cada passo. Nesta fase, de acordo com a informação que obteve, o analista faz as alterações e correcções que considera necessárias no diagrama de estado existente e ajusta o diagrama de estado proposto.

Sétimo capítulo: revisão e controlo dos formulários

Verificação e controlo do formulário Definição de formulário Um formulário é um dos instrumentos de comunicação que é preparado e estabelecido por escrito para receber informações específicas. Tipos de formulários A- Classificação de acordo com a área de utilização 1- Formulários internos que são utilizados numa pequena parte da organização; 2- Formulários normalizados que são utilizados em todos os departamentos da organização; B- Classificação de acordo com o trabalho e o dever do formulário 1- Formulários de pessoal; como uma ordem de emprego 2- Formulários financeiros, como um jornal 3- Formulários educativos; Como um boletim escolar 4- Formulários de aquisição 5-Formulários de reparação e manutenção de equipamento de construção Procedimentos de verificação e controlo do formulário O primeiro passo é verificar os formulários disponíveis O segundo passo - análise dos formulários existentes O terceiro passo - preparação de uma proposta para os formulários necessários A definição de levantamento de lugar e local O levantamento de lugar e local é Estudar a afetação do lugar e do espaço disponível à mão de obra, por um lado, e aos instrumentos e equipamentos de trabalho, por outro. As considerações que devem ser observadas quanto à localização da organização são: 1- No planeamento do lugar e do espaço, deve-se ter o cuidado de assegurar que nenhuma parte do espaço disponível seja desperdiçada e que seja utilizada da forma mais adequada. 2- As unidades e as pessoas cujas funções estão relacionadas e são semelhantes entre si em termos de natureza e estão em contacto frequente e contínuo umas com as outras de acordo com os requisitos do trabalho, devem ser colocadas próximas umas das outras. 3- O fluxo de trabalho começa num local e termina noutro local, tanto quanto possível. 4- Na afetação do espaço de trabalho, para cada trabalhador, devem ser tidos em conta, tanto quanto possível, a natureza e as exigências do posto de trabalho, o tipo de tarefas e operações e as caraterísticas de personalidade do trabalhador. 5- As ferramentas e os equipamentos de trabalho devem estar à disposição dos seus utilizadores e a sua arrumação deve ser feita em local que não permita a perda de tempo dos trabalhadores durante a entrega e transformação dos materiais. 6- A localização das unidades e das pessoas que lidam maioritariamente com o mestre de referência deve ser próxima da entrada, para que os seus procedimentos de referência sejam fáceis e, em segundo lugar, para reduzir a perturbação para as outras unidades. 7- A colocação do posto de trabalho e do equipamento deve ser feita de modo a facilitar a supervisão e o controlo dos funcionários. 8- As unidades ruidosas devem ser colocadas longe das outras unidades. 9- Todas as pessoas que se encontrem ao mesmo nível em termos de posto e posição e cujas funções sejam semelhantes, devem utilizar o mesmo equipamento, tanto quanto possível. 10- Para a instalação de equipamentos pesados e volumosos, tais como caixas vermelhas, pisos de computadores, prateleiras de arquivo para máquinas e equipamentos pesados, devem ser efectuados controlos suficientes, tendo em conta a capacidade de suportar a quantidade de explosão causada pelo peso e a facilidade de utilização. 11- As unidades cujo trabalho é confidencial devem ser colocadas longe dos locais de clientes e consumidores.

Procedimentos de verificação do local e do local de trabalho Primeira etapa: verificação do local na situação atual Segunda etapa: análise do plano do local de trabalho Terceira etapa: elaboração do plano proposto para o local de trabalho.

Capítulo 8: Avaliação do trabalho Definição de avaliação do trabalho

A medição do trabalho é uma das técnicas de estudo do trabalho que é efectuada com o objetivo de aumentar a produtividade da organização e consiste em: utilizar métodos para determinar o tempo de realização de um determinado trabalho por uma pessoa qualificada a um nível aceitável. Benefícios da avaliação de funções Alguns dos benefícios da avaliação de funções são: 1- Ajudar a planear os recursos humanos da organização 2- Possibilitar o controlo e a avaliação do trabalho dos trabalhadores 3- Reduzir o custo de produção e o custo dos bens 4- Prestar um melhor serviço aos clientes e consumidores 5- Ajudar a estimar o preço dos bens ou serviços e a estimar o orçamento 6- Melhorar as relações de trabalho 7- Aumentar a eficiência 8- Facilitar a programação das operações e o planeamento da produção 9- Criar uma base para o pagamento de incentivos aos trabalhadores 10-Determinar o tempo padrão para fazer o trabalho 11- Ajudar a planear as ferramentas e o equipamento necessários.

Pré-requisitos da avaliação do posto de trabalho 1- O analista deve tentar modificar e simplificar o método de trabalho antes de efetuar a avaliação do posto de trabalho. 2- Para além do método de trabalho, os instrumentos e as ferramentas também devem ser adequados e estar ao nível normalizado para que o método possa ser utilizado corretamente. 3- Relativamente ao método simplificado, deve ser dada formação suficiente aos trabalhadores para que possam utilizar corretamente o método modificado. Verificação dos movimentos A técnica de verificação dos movimentos consiste em prestar atenção a todos os movimentos efectuados para realizar uma tarefa. Os objectivos básicos da verificação dos movimentos podem ser enunciados da seguinte forma: 1- Eliminar os movimentos desnecessários 2- Reduzir a fadiga causada por movimentos adicionais 3- Eliminar os defeitos e inadequações do ambiente físico de trabalho (como luz insuficiente, humidade e calor inadequados, etc.). Etapas do controlo dos movimentos: É necessário verificar os movimentos através dos seguintes passos: 1- Escolher o trabalho desejado; 2- Escolher a pessoa cujo trabalho vai ser revisto; 3- Examinar os movimentos da pessoa durante a execução do trabalho, com frequência e registando-os; 4- Determinar o tempo de movimento de cada movimento; 5- Analisar os movimentos executados, fazendo perguntas sobre o porquê, como e a sequência dos movimentos; 6- Remover, combinar e alterar os movimentos, se necessário; 7- Determinar os movimentos necessários. Alguns dos métodos de avaliação do trabalho são: 1- O método de utilização de registos anteriores 2- Método de relatório 3- Método de amostragem 4- Método de cronometragem 5- O método de elementos pré-determinados Método de cronometragem O método de medição do tempo é um dos métodos precisos e científicos de medição do trabalho. Neste método, divide-se o trabalho em partes e mede-se o tempo para completar cada parte com precisão com um cronómetro (relógio graduado ao centésimo de minuto). Os passos deste método são os seguintes 1- Determinar o trabalho a medir; 2- Dividir o trabalho em componentes; 3- Simplificar e melhorar o método de realização de cada uma das componentes do trabalho; 4- Ensinar métodos de trabalho às pessoas cujo trabalho vai ser medido; 5- Atrair a confiança e a cooperação das pessoas para a avaliação do trabalho; 6- Medir o tempo de realização de cada uma das componentes e registá-los; 7- Determinação do tempo normal de trabalho (NT) 8- Cálculo dos acréscimos permitidos (A) 9- Ajustar o tempo obtido e determinar o padrão final de realização do trabalho através da seguinte fórmula: ST.NT(1+A/100)

As vantagens da utilização de software de desenho assistido por computador (CAD), por exemplo, quando é necessário fazer uma alteração no desenho, esta é facilmente efectuada no software, não sendo necessário redesenhar todo o mapa em papel. Além disso, devido às várias capacidades destes programas de desenho de engenharia, a velocidade de trabalho aumentou significativamente.

O que é o software CAD? + Apresentação dos melhores e mais famosos softwares CAD

Com a ajuda dos computadores, os programas informáticos, como o CAD ou o software de desenho, substituíram os métodos tradicionais e manuais na conceção de vários planos em diferentes domínios. Têm uma grande quota no mercado do software, cujo valor atingiu centenas de milhares de milhões de dólares em 2022. À medida que as máquinas de embalagem e as máquinas de corte, como as CNC, se tornam mais complexas, mais designers e engenheiros mecânicos estão a recorrer a software 3D para melhorar a sua eficiência global de conceção. O software de desenho assistido por computador ou CAD (Computer-aided Design) refere-se a software que cria e edita formas com a ajuda de um computador. Atualmente, a maioria dos softwares CAD não só tem a capacidade de criar e editar mapas 2D e 3D de peças, como também tem a capacidade de analisar peças em termos de tensão, calor e problemas mecânicos utilizando o método dos elementos finitos. O software CAD está geralmente associado ao software de impressão 3D; porque quando se combinam estas duas ferramentas, é possível desenhar virtualmente quase tudo o que se quiser. No entanto, o software CAD não deve ser confundido com um simples software de desenho gráfico. Certamente, se tem experiência de trabalho com software de desenho semelhante, já ouviu o nome de software CAD.

Conceção informática e criação de um modelo de conjunto de informações técnicas

A tecnologia desempenha um papel significativo na indústria da moda e difundiu-se em muitas áreas desta indústria, desde o design à produção de vestuário. O design de moda tornou-se muito popular graças à inovação e à variedade de desenhos, e a utilização de software oferece um elemento novo e fresco à forma como o vestuário é produzido. O facto é que a maioria dos designers ainda prefere desenhar as formas básicas numa folha de papel. No entanto, atualmente, alguns designers convertem essas formas em formatos digitais. Os novos programas informáticos permitem que as pessoas dêem destaque às suas ideias e experimentem diferentes cores, formas e tamanhos.

O que é a conceção assistida por computador (CAD)?

O desenho assistido por computador (CAD) é definido como a utilização de computadores para desenhar objectos. No entanto, o CAD pode fazer mais do que gerar formas. A tecnologia de software CAD é capaz de criar objectos no espaço bidimensional (2D) e tridimensional (3D). Dependendo das suas necessidades, este desenho pode incluir dimensões, informações sobre materiais, limites, processos e outros pormenores simbólicos. A principal vantagem da utilização destas simulações informáticas está relacionada com a redução dos custos de produção e o aumento do ciclo de produção do projeto. As canetas e as canetas continuam a ter a sua importância no design de moda, mas a facilidade de copiar, colar, remodelar e sobrepor desenhos originais acrescenta um maior nível de pormenor à eficiência.

Utilização de CAD na produção de vestuário

Em muitos estágios e cursos de aquisição de competências na área da moda, os métodos tradicionais de design ainda são ensinados, mas as tecnologias digitais não são negligenciadas nestes cursos. A combinação de talento artístico e inovação tecnológica melhora a transformação dos desenhos de moda em produtos. A adoção de software e a sua contribuição para a indústria da moda ajudará tanto os designers de moda como as fábricas de vestuário. A tecnologia ajuda em muitas áreas, incluindo a conversão de especificações básicas em impressão, modelação e produção do produto final. O software de design de vestuário é muito importante para a produção de vestuário com base em especificações específicas. Este tipo de software também ajuda a criar um padrão de informação técnica (tech pack) na fase de design. A utilização de aplicações de desenho permite às marcas de moda recriar desenhos reais. Estas imagens mostram os requisitos exactos do modelo, incluindo costuras, colocação de estampados, cortes e cor do tecido. Existem muitas vantagens para as empresas e designers de moda que utilizam software de desenho. Algumas dessas vantagens incluem: Poupança de tempo nos processos de design: o software pode reduzir o tempo de criação de um design e de produção de um produto. Isto permite que as pequenas empresas trabalhem mais rapidamente e com maior precisão para poupar custos. Redução de erros: Os desenhos podem ser facilmente interpretados para evitar erros ou mal-entendidos entre a marca e a fábrica. Relativamente fácil de aprender: O software de desenho de moda é fácil de implementar e existem muitos cursos disponíveis para melhorar as suas competências.

O papel do desenho assistido por computador (CAD) no modelo Tech Pack

A tecnologia desempenha um papel importante na indústria da moda. Esta área inclui muitos domínios da indústria, desde o design de moda à produção de vestuário. O design de moda é famoso pelas suas criações diversas e inovadoras, e a utilização de software cria um elemento novo e fresco na forma como as roupas são feitas. É verdade que a maioria dos designers ainda prefere colocar os desenhos iniciais numa folha de papel. No entanto, muitos deles traduzem agora os esboços para formatos digitais. O novo software permite que as pessoas explorem todo o seu potencial criativo e experimentem cores, formas e tamanhos.

O que é a conceção assistida por computador (CAD)?

O desenho assistido por computador (CAD) refere-se à utilização de computadores para desenhar objectos. No entanto, o CAD pode fazer mais do que produzir formas simples. A tecnologia de software CAD tem a capacidade de criar objectos no espaço bidimensional (2D) e tridimensional (3D). Dependendo das suas necessidades, pode incluir medições, fornecer informações sobre materiais, tolerâncias, processos e outros pormenores simbólicos. A principal vantagem da utilização destas "simulações informáticas" é a redução dos custos de produção e a aceleração do ciclo de produção do projeto. As canetas e os lápis mantêm a sua importância no design de moda. No entanto, a facilidade de copiar, remodelar e criar sobreposições a partir de desenhos originais acrescenta um maior nível de pormenor à funcionalidade.

Utilização de CAD no fabrico de vestuário

Em muitos estágios e cursos de moda, os métodos tradicionais de design ainda são ensinados com uma injeção digital. Esta combinação de arte e inovação na indústria melhora a tradução do design de moda para a fase de produção. A adoção de software e a sua contribuição para a indústria da moda ajudará os designers de moda e as fábricas de vestuário. Esta tecnologia ajuda em muitas áreas, incluindo a especificação inicial através da impressão, padrão e fabrico do produto final. O software de desenho de vestuário também é importante para a confeção de roupas de acordo com as especificações. Este tipo de software também ajuda o modelo de pacote técnico na fase de conceção. A utilização de programas de desenho permite às marcas de moda recriar desenhos realistas. Estas imagens mostram os requisitos exactos do modelo, como a costura, a colocação da impressão, o corte do tecido e a cor. A utilização de software de desenho para designers de moda também tem muitas vantagens comerciais. Veja abaixo: Poupa tempo no processo de design - o software pode simplificar o tempo de design e produção. Isto permite que as pequenas empresas trabalhem mais rapidamente e com mais precisão para poupar dinheiro. Reduz os erros - os desenhos são facilmente interpretáveis para reduzir a margem de erro ou a falta de comunicação entre a marca e a fábrica. Relativamente fácil de aprender - o software de desenho de moda é fácil de implementar e existem muitos cursos disponíveis para melhorar as suas competências. Tal como descrito no nosso artigo: Como fazer um pacote técnico, pode ver o processo de fazer a primeira amostra adequada. Este processo de planeamento é essencial para ser bem sucedido, e transmitir com precisão as suas especificações pode evitar erros dispendiosos.

Existem diferentes tipos de software em computadores e dispositivos móveis e cada um deles serve um objetivo diferente. Em primeiro lugar, vamos discutir a diferença entre software de aplicação e software de sistema e obter algumas informações breves sobre o assunto. O software de sistema é um tipo de programação e codificação que é utilizado por vários componentes do dispositivo para comunicar entre si. Há milhões de comandos e instruções que são transferidos de um componente para outro a cada segundo, e o software de sistema permite este fluxo de comunicação. Além disso, a pessoa que utiliza o dispositivo não comunica diretamente com o software do sistema e não o utiliza porque todos estes eventos ocorrem dentro do próprio dispositivo. Por outro lado, o software de aplicação é utilizado diretamente pelo utilizador e apenas para executar uma tarefa específica. Este tipo de software tem de ser instalado separadamente no dispositivo e possui interfaces que permitem a comunicação entre o dispositivo e o utilizador, pelo que apresenta várias vantagens e desvantagens.

Por exemplo, considere um programa que lhe permite efetuar operações numa base de dados. Este tipo de software é um software que é utilizado para uma aplicação específica, pelo que está incluído nesta categoria de software de aplicação. O público em geral acredita que estes softwares têm muitas vantagens e que as suas desvantagens são muito insignificantes porque, em última análise, o objetivo de todos estes dispositivos é realizar muitas tarefas com a ajuda destes softwares.

Tipos comuns de software de aplicação

Muitos utilizadores pessoais, bem como empresas comerciais, utilizam diferentes tipos de software de aplicação e obtêm muitos benefícios deste trabalho. Entre este tipo de software, podemos referir o software de processamento de texto, o software de base de dados, o software multimédia, o software de edição e muitos outros tipos. Todos estes programas são fornecidos individualmente ou vendidos como pacotes de software pelas empresas.

Vantagens

Quando começamos a comparar software de aplicação e a encontrar as suas vantagens e desvantagens, verificamos que os pontos positivos deste software superam os seus aspectos negativos. Tendo em conta este ponto, nesta secção mencionamos alguns dos seus benefícios mais conhecidos e aceites. Note-se que estamos a falar de software de aplicação concebido para um fim específico que é utilizado por indivíduos ou empresas comerciais. Algumas das vantagens deste software são apresentadas de seguida.

A sua maior vantagem é satisfazer as necessidades do utilizador (de forma específica e precisa). Uma vez que estes softwares são especialmente concebidos para um fim específico, o utilizador sabe que tem de utilizar um software específico para fazer o seu trabalho. * Nas aplicações personalizadas, a ameaça de vírus é muito reduzida porque qualquer empresa que as introduza no seu sistema pode limitar o acesso e tomar medidas para proteger a sua rede. * As aplicações licenciadas e legais são regularmente actualizadas por razões de segurança. Além disso, os seus criadores empregam regularmente o pessoal do seu departamento técnico para corrigir os problemas e fornecer ao utilizador as versões modificadas em cada atualização. * O fácil acesso a estes softwares e a disponibilização de um

conjunto completo de programas de aplicação a partir de uma única fonte são
outras vantagens dos softwares de aplicação.

Desvantagens

Como se pode verificar em todos estes casos, estes programas não estão isentos de
defeitos. Embora essas desvantagens não sejam muito visíveis e não sejam
particularmente faladas, o facto é que existem e afectam alguns utilizadores. Mas
muitas pessoas aceitam estas falhas e continuam a utilizar este tipo de software
porque a sua utilidade e importância são muito maiores do que as suas fraquezas.
Apresentamos de seguida algumas delas.

* O desenvolvimento e a construção de software de aplicação concebido para
atingir objectivos específicos pode ser muito dispendioso para os seus criadores.
Isto pode afetar o seu orçamento e as suas receitas, especialmente se tiver sido
gasto muito tempo no desenvolvimento de software que não foi amplamente
aceite. * Alguns programas informáticos especialmente concebidos para
determinados trabalhos e tarefas podem não ser compatíveis com outros
programas informáticos comuns. Isto pode ser um grande obstáculo para muitas
empresas. * O desenvolvimento destes softwares leva muito tempo, porque requer
uma comunicação constante entre o programador e o cliente. Isso faz com que todo
o processo de produção seja atrasado, o que pode ser prejudicial em alguns casos. *
Se um vírus informático ou outro programa malicioso introduzir todas as suas
informações, todo o pacote com o computador pessoal ficará danificado. * A falta
de acesso à memória do sistema, a falta de ligação a outro software, a falta de
acesso a toda a rede são outros aspectos negativos do software de aplicação. O
software de aplicação que é utilizado regularmente por muitas pessoas e depois
partilhado em linha comporta uma ameaça muito séria de infeção por um vírus
informático ou outro programa malicioso. Por conseguinte, quer os compre já
prontos ou peça a um fabricante para conceber um software especial para si, não
faz muita diferença, e todos estes pontos mencionados parecem aplicar-se também
ao seu software. Muitas pessoas e empresas necessitam regularmente deste tipo de
software e, de facto, qualquer dispositivo utilizado para cálculos de trabalho sem
este tipo de software será inútil.

Serviços CAD no sector da construção

O documento de código melhora o esquema 2D habitual. Esta indústria contribui para a engenharia de construção de várias formas. O desenho assistido por computador é amplamente utilizado nos serviços de arquitetura, estruturas, MEP e mecânica. No domínio dos serviços de arquitetura, o ficheiro CAD informatizado inclui medidas de paredes, posição de aberturas e diagramas, mostrando claramente detalhes estruturais como o comprimento, largura e localização de colunas e vigas, juntamente com vistas transversais, alçados, etc. Na indústria da construção, os documentos CAD 2D são utilizados para descrever todos os componentes estruturais e a sua posição, dimensão, vistas em corte transversal, quantidade, etc. O ficheiro de código informático 2D desempenha um papel importante na criação de serviços mecânicos de produtos, peças mecânicas, montagem, desenho de loja e de fabrico, desenho elétrico, desenho MEP FPRO, desenho de sistemas AVAC, desenho de tubos 2D, desenho de canalizações, etc. No domínio dos serviços MEP e mecânicos.

Vantagens do CAD 2D

Permite-nos converter desenhos normais em papel, ficheiros JPG, PDF, PNG, DWG, DWT e DXF em ficheiros CAD. Proporciona aos engenheiros uma forma moderna de produzir documentos. Os documentos gerados por computador são altamente precisos. Permite qualquer tipo de modificação Ajuda a fazer uma estimativa exacta da lista de materiais (BOM) - o que ajuda a poupar custos desnecessários. Gastam menos tempo do que com o método antigo, o que, por outro lado, aumenta a produtividade e reduz o excesso de recursos. Os ficheiros de código 2D são guardados com as extensões .dwg, .dxf e .dwt. Os documentos de projeto informatizados são ficheiros electrónicos que podem ser utilizados para criar novas bases de dados, e estes ficheiros podem ser transferidos e partilhados de uma base de dados para outra.

Detalhes do software

Para prestar estes serviços, são utilizados vários softwares CAD avançados. O software CAD permite aos engenheiros aumentar a flexibilidade na criação de ficheiros de código, utilizando várias funcionalidades incorporadas neste software. Alguns dos softwares CAD 2D mais utilizados são: AutoCAD LT ArchiCAD TurboCAD MicroStation PowerDraft + ZWCAD

A engenharia inversa 3D é a arte de converter nuvens de pontos em modelos CAD 3D. Uma nuvem de pontos é uma coleção tridimensional de pontos que descrevem as caraterísticas da superfície externa de um objeto. Estes pontos são obtidos através da análise do ambiente em torno do objeto e da recolha de informações sobre a sua aparência com a ajuda de um scanner 3D. A engenharia inversa de peças e equipamentos industriais é um processo completamente baseado em princípios que inclui actividades como a desmontagem, a montagem, a modelação 3D, a preparação de desenhos de construção e a análise de materiais. Para este efeito, são utilizados vários softwares de engenharia, sendo o mais famoso o software Katia. Depois de passar pelo processo de engenharia inversa, são extraídas informações completas de todas as peças e elementos desejados e o empregador, com pleno conhecimento do funcionamento de cada uma das peças e componentes do dispositivo, pode subcontratar o processo de produção ou fabricar o dispositivo dentro da empresa. para produzir No resto do artigo, é dada uma explicação completa no domínio da engenharia inversa de 3D.

O que significa engenharia inversa 3D?

A engenharia inversa 3D é o processo de utilização de tecnologias de digitalização tridimensional (3D) para recriar o design ou a geometria de um produto. Esta técnica envolve a digitalização de um objeto físico existente, a análise da sua estrutura e a produção de um modelo de desenho assistido por computador (CAD) que pode ser utilizado para uma variedade de fins. A engenharia inversa 3D tornou-se uma ferramenta essencial para designers, fabricantes e engenheiros de produto. Este artigo analisa o conceito de engenharia inversa 3D e as suas aplicações nas indústrias modernas.

Processo de engenharia inversa 3D:

A engenharia inversa 3D inclui várias etapas: O primeiro passo: digitalizar o objeto físico utilizando um scanner 3D, que se divide em duas categorias: Scanners de contacto: Os scanners de contacto requerem que a sonda do scanner toque no objeto para obter medições precisas. Scanners sem contacto: utilizam um laser, uma câmara ou luz estruturada para registar os detalhes da superfície de um objeto sem contacto. A escolha do scanner depende da complexidade, dimensão e material do objeto. O segundo passo: processar os dados obtidos a partir do scanner 3D para criar um modelo 3D. Isto é feito através de software especializado que analisa os dados da nuvem de pontos obtidos pelo scanner e os converte num modelo 3D. O software também pode limpar os dados, remover ruído e preencher lacunas para criar um modelo 3D unificado. Terceiro passo: Depois de criar o modelo 3D, o passo seguinte é modificar o plano. Isto pode ser feito comparando o modelo 3D com o objeto físico original para identificar quaisquer discrepâncias. O projeto pode ser aperfeiçoado através de alterações ao modelo 3D utilizando software CAD. Isto pode incluir a adição de caraterísticas, a remoção de componentes indesejados ou a modificação do projeto para melhorar o desempenho.

Aplicações de engenharia inversa 3D:

A engenharia inversa 3D tornou-se uma ferramenta essencial para as indústrias modernas. E tem muitas utilizações, que são brevemente mencionadas de seguida: Conceção e desenvolvimento de produtos: Uma das principais aplicações da engenharia inversa 3D é a conceção e o desenvolvimento de produtos. Através da engenharia inversa do produto de um concorrente, as empresas podem identificar oportunidades de melhoria e desenvolver produtos superiores. A engenharia inversa 3D também pode ser utilizada para criar peças sobresselentes para equipamento antigo ou obsoleto. Controlo de qualidade: Outra aplicação da engenharia inversa 3D é o controlo de qualidade. Ao analisar um modelo 3D de um produto, os fabricantes podem identificar falhas ou pontos fracos na conceção antes do início da produção. Isto pode ajudar a reduzir o desperdício, melhorar a eficiência e reduzir os custos associados à recolha de produtos. Utilização na indústria automóvel: A engenharia inversa 3D também é utilizada na indústria automóvel. Através da engenharia inversa de um veículo existente, os fabricantes podem identificar formas de melhorar a eficiência do combustível, reduzir o peso e melhorar as caraterísticas de segurança. Esta técnica também é utilizada para criar peças de substituição para veículos mais antigos que já não estão a ser produzidos.

Ao criar uma plataforma em linha, o Sistema Industrial Shamsta, enquanto banco de informações do Irão, criou um espaço para os industriais que têm necessidades industriais, tais como o fabrico de peças antigas que necessitam de uma nova substituição, ou peças que não podem ser importadas de empresas devido a sanções. Não dispõem de um fabricante estrangeiro para exprimir as suas necessidades industriais e se os especialistas e as empresas membros deste sistema tiverem capacidade para fabricar estas peças e resolver estas necessidades, devem declarar a sua disponibilidade para resolver este problema. O sistema industrial Shamsta Hamurah apoia os especialistas e fabricantes nacionais e apoia-se no conhecimento local. Utilização na indústria médica: Na indústria médica, a engenharia inversa 3D é utilizada para criar próteses e implantes personalizados. Ao digitalizar uma parte do corpo do paciente, pode ser criado um modelo 3D para produzir uma prótese ou implante personalizado que se adapte na perfeição.

Vantagens da engenharia inversa 3D

1. Reduzir o tempo e o custo: Ao utilizar a engenharia inversa 3D, o tempo e o custo de conceção e fabrico de um novo produto podem ser reduzidos. Este método permite que o design de produtos anteriores seja reconstruído com alta qualidade e rapidamente lançado no mercado.

2. Aumento da qualidade: Ao utilizar a engenharia inversa 3D, os projectistas de produtos podem facilmente identificar e corrigir erros. Além disso, ao utilizar modelos 3D, podem testar o produto e identificar eventuais defeitos antes de iniciar a produção.

3. Oferecer mais possibilidades: A engenharia inversa 3D permite às empresas produzir peças de substituição e sobresselentes para produtos antigos de acordo com os desenhos 3D existentes.

4. Identificação de problemas: ao utilizar a engenharia inversa 3D, é possível identificar facilmente problemas na conceção de peças ou produtos e evitar erros nas etapas seguintes.

Desafios da engenharia inversa 3D:

Apesar das suas muitas vantagens, a engenharia inversa 3D também apresenta vários desafios. Entre os desafios da engenharia inversa 3D, podem ser mencionados os seguintes: Precisão do scanner: Dependendo do scanner utilizado, a precisão do modelo 3D pode variar significativamente. Isto pode dar origem a erros ou discrepâncias que podem afetar a qualidade do produto final. Complexidade do modelo 3D: Dependendo do objeto a ser digitalizado, o modelo 3D pode ser muito complexo, tornando a análise e a modificação um desafio. A utilização de software especializado e de engenheiros qualificados é necessária para garantir a exatidão e a qualidade do produto final.

A engenharia inversa de modelação 3D significa a reconstrução de uma peça ou produto físico utilizando dados digitais. Este processo é efectuado através da combinação de digitalização 3D, modelação 3D e produção de desenhos técnicos do produto. Neste método, em primeiro lugar, utilizando diferentes tecnologias de digitalização 3D, os dados do produto, como a forma, o tamanho e os detalhes, são registados com elevada precisão. De seguida, utilizando software de modelação 3D, os dados digitalizados são convertidos em modelos 3D. Finalmente, utilizando software de design de engenharia, estes modelos 3D são transformados em mapas técnicos para a transformação e reconstrução do produto de acordo com as necessidades do utilizador. A utilização deste método é muito útil na engenharia inversa, uma vez que permite aos utilizadores criar e reconstruir um modelo 3D de um produto físico sem ter acesso ao desenho original. Este método é útil para renovar e otimizar peças antigas ou sem desenhos técnicos.

O que é a PDM? Gestão de dados do produto ou PDM significa Product data management (gestão de dados do produto). Trata-se de uma tecnologia de gestão de dados de produção que centraliza esses dados e processos. Os engenheiros utilizam o software PDM para acompanhar as revisões, gerir as ordens de alteração, gerar listas de materiais (BOMs) e muito mais.

O que é o PDM?

Se for corretamente configurado e implementado, um PDM aumenta a produtividade durante a criação, fabrico e conceção do produto e tem como objetivo minimizar o tempo e o custo do desenvolvimento do produto, aumentando simultaneamente a qualidade do desenvolvimento. A gestão de dados do produto, anteriormente também conhecida como gestão de dados de engenharia (EDM), é a base da gestão do ciclo de vida do produto.

O que faz o PDM?

Qual é a função do PDM? O software PDM ajuda as empresas a colocar os produtos no mercado mais rapidamente e a manter todos os dados do projeto num único local. Reduzir o tempo gasto em tarefas de baixo valor, aumentar a agilidade do desenvolvimento de produtos e aumentar a colaboração estão entre as tarefas mais importantes deste sistema. Os sistemas de gestão de dados captam e gerem todas as informações do produto, garantindo que estas são apresentadas aos utilizadores de forma correta e consistente ao longo do ciclo de vida do produto. Este software gere metadados e ficheiros relacionados com o design de todos os produtos em desenvolvimento.

Como é que o PDM funciona?

O PDM capta todo o historial dos seus projectos, integrando-se nas suas ferramentas de conceção e de negócios para gerir dados e automatizar fluxos de trabalho e processos de engenharia. Finalmente, com a ajuda deste sistema, pode determinar os seguintes itens para a sua coleção: Aumentar a agilidade no desenvolvimento de produtos. Experimente o acesso rápido aos dados a partir de qualquer lugar através da integração de vários CADs. Adaptar o fluxo de trabalho de design ao seu negócio. Melhorar a colaboração interna e externa. Partilhe visualizações 2D ou 3D do seu trabalho com outras pessoas. Obtenha comentários e feedback diretamente no software PDM. Reduza os processos sem valor acrescentado. Encontre facilmente os ficheiros que pretende substituir, reutilizar ou copiar. Utilize os dados de projeto existentes para passar menos tempo a procurar e mais tempo a trabalhar. Reduzir os erros e melhorar a qualidade do produto. Automatize as ordens de alteração de engenharia, o controlo de revisões, a gestão de listas técnicas e muito mais. Mantenha os seus processos de engenharia sob controlo com o software PDM.

Histórico da gestão de dados de produtos

Conhece a história do PDM? O PDM foi originalmente utilizado para o processo de desenho assistido por computador (CAD). Os engenheiros precisavam de uma melhor forma de acompanhar os documentos em papel relacionados com o desenvolvimento de um produto. Este sistema centralizado foi concebido para coordenar todos os dados relacionados com um produto. Atualmente, o PDM é muito utilizado pelos engenheiros, mas também por muitos outros que fabricam qualquer produto através de uma série de processos e matérias-primas. Todos os utilizadores empresariais que interagem com o produto ao longo do seu ciclo de vida beneficiarão desta informação recolhida.

O que é o PDM?

Gestão de dados do produto O que é o PDM?

O que é o PDM?

Gestão de dados do produto ou PDM significa Product data management (gestão de dados do produto). Trata-se de uma tecnologia de gestão de dados de produção que centraliza esses dados e processos. Os engenheiros utilizam software PDM para acompanhar revisões, gerir ordens de alteração, gerar listas de materiais (BOM) e muito mais. Índice O que é o PDM?

O que faz o PDM?

Como é que o PDM funciona?

Histórico da gestão de dados do produto Quais são as informações armazenadas na pdm?

Gestão segura de dados através do PDM Quais são as vantagens do PDM?

PLM vs. PDM O que é um sistema PLM?

PLM ou PDM é melhor?

O PLM ou o PDM são adequados para mim? T

Quando escolher uma solução de gestão do ciclo de vida do produto (PLM) Quando escolher uma solução de gestão de dados do produto (PDM) PIM vs. PDM O que é um sistema PIM?

Qual é a razão para confundir PIM com PDM?

Obter um certificado ISO válido Precisa de aconselhamento?

contacte-nos... O que é o PDM? Se for corretamente configurado e implementado, um PDM aumenta a produtividade durante a criação, fabrico e conceção de produtos e tem como objetivo minimizar o tempo e os custos de desenvolvimento de produtos, aumentando simultaneamente a qualidade do desenvolvimento. A gestão de dados do produto, anteriormente também conhecida como gestão de dados de engenharia (EDM), é a base da gestão do ciclo de vida do produto. Gestão de dados do produto O que é que a PDM faz?

Qual é a função do PDM?

O software PDM ajuda as empresas a colocar os produtos no mercado mais rapidamente e a manter todos os dados do projeto num único local. Reduzir o tempo gasto em tarefas de baixo valor, aumentar a agilidade do desenvolvimento de produtos e aumentar a colaboração estão entre as tarefas mais importantes deste sistema. Os sistemas de gestão de dados captam e gerem todas as informações do produto, garantindo que estas são apresentadas aos utilizadores de forma correta e consistente ao longo do ciclo de vida do produto. Este software gere metadados e ficheiros relacionados com o design de todos os produtos em desenvolvimento. Como é que o PDM funciona?

O PDM capta todo o historial dos seus projectos, integrando-se nas suas ferramentas de conceção e de negócios para gerir dados e automatizar fluxos de trabalho e processos de engenharia. Finalmente, com a ajuda deste sistema, pode determinar os seguintes itens para a sua coleção:

Aumente a agilidade no desenvolvimento de produtos. Experimente o acesso rápido aos dados a partir de qualquer lugar através da integração de vários CADs. Adapte o fluxo de trabalho de projeto à sua empresa. Melhore a colaboração interna e externa. Partilhe visualizações 2D ou 3D do seu trabalho com outras pessoas. Obtenha comentários e feedback diretamente no software PDM. Reduzir os processos sem valor acrescentado. Encontre facilmente os ficheiros que pretende substituir, reutilizar ou copiar. Utilize os dados de projeto existentes para passar menos tempo a procurar e mais tempo a trabalhar. Reduzir os erros e melhorar a qualidade do produto. Automatize as ordens de alteração de engenharia, o controlo de revisões, a gestão de listas técnicas e muito mais. Mantenha os seus processos de engenharia sob controlo com o software PDM. História da gestão de dados do produto Conhece a história do PDM? O PDM foi originalmente utilizado para o processo de conceção assistida por computador (CAD). Os engenheiros precisavam de uma forma melhor de acompanhar o ritmo dos documentos em papel relacionados com o desenvolvimento de um produto. Este sistema centralizado foi concebido para coordenar todos os dados relacionados com um produto. Atualmente, o PDM é muito utilizado pelos engenheiros, mas também por muitos outros que fabricam qualquer produto através de uma série de processos e matérias-primas. Todos os utilizadores empresariais que interagem com o produto ao longo do seu ciclo de vida beneficiarão desta informação recolhida. Quais são as informações armazenadas na pdm? A informação que é normalmente armazenada no PDM é a seguinte

Especificações: Medidas e materiais Desenhos:

Imagens electrónicas ou desenhadas à mão da lista de materiais do produto ou BOM:

Para matérias-primas Documentação de engenharia:

como construir um produto Outros documentos: por exemplo, uma fotografia do produto acabado

A tecnologia CAD/CAM é uma das tecnologias mais utilizadas no domínio da medicina dentária digital. Esta tecnologia melhora drasticamente a velocidade, a exatidão e a qualidade do processo de tratamento. Na década de 1950, esta tecnologia era utilizada na indústria de conceção e fabrico de máquinas de fábrica, aviões, automóveis, etc. Gradualmente, esta tecnologia encontrou o seu caminho para o mundo da medicina dentária. É claro que a codecam dentária não é apenas para os dentistas, mas também se pode beneficiar desta tecnologia no campo da medicina dentária e nos laboratórios; é também chamada de código dentário. A utilização do sistema Codecam e a execução de todos os processos que se realizam através desta tecnologia, incluindo restaurações, facetas e pontes dentárias, implantes, etc., são mais duradouros, mais bonitos e, naturalmente, mais rápidos do que os métodos tradicionais. Desta forma, a tecnologia CAD/CAM tem sido utilizada na maioria dos planos de tratamento de dentistas e laboratórios.

O que é a tecnologia de codec CAD/CAM?

A tecnologia Codecam é um método muito moderno e avançado que é utilizado para fazer dentes artificiais, facetas dentárias, próteses e vários outros planos de tratamento. Esta tecnologia foi criada em 1980, mas não foi bem recebida. Além disso, com a introdução da informática e o progresso do mundo atual, ao longo do tempo, estabeleceu a sua posição no campo da medicina dentária. CAD significa "Computer Aided Design" (desenho assistido por computador) e CAM significa "Computer Aided Manufacturing" (fabrico assistido por computador). Com esta tecnologia, os dentes são fabricados com muito mais precisão e firmeza. Atualmente, o código dentário inclui software (por exemplo: Exocode), matérias-primas (por exemplo: blocos e peças em bruto, etc.) e dispositivos (por exemplo: scanner oral intra-oral, fresas, etc.). O sistema Codecam é composto por duas partes: o sistema Low CAM, no qual o plano de tratamento é concebido pelo software através da realização de cálculos precisos e com grande exatidão; em seguida, a saída deste desenho feito no software é executada pela secção de código CAD e pelo dispositivo (impressora e fresadora). Atualmente, com a utilização do sistema CAD/CAM, a necessidade de um operador humano é reduzida e as variáveis dos materiais também são reduzidas, o que torna o processo de tratamento mais fácil e menos arriscado.

Sistema Codecam

O sistema Codecam adequado para a sua aplicação divide-se normalmente em 3 categorias: Primeira Divisão; Neste método, todo o equipamento do sistema Codecam está disponível no consultório e todas as etapas de trabalho, desde a moldagem à construção e reparação, são efectuadas simultaneamente no consultório. Naturalmente, neste método, não há necessidade de um laboratório, porque o paciente recebe a restauração necessária visitando o consultório uma vez na mesma sessão. Neste método, uma imagem tridimensional dos dentes é mostrada ao médico no monitor com um scanner oral intra-oral que substitui o método tradicional de moldagem, e o médico implementa o desenho do tratamento de acordo com o que vê. Neste método, poupam-se custos de deslocação e tempo, mas será um método relativamente caro para o doente e para o médico. A segunda categoria: o método laboratorial é algo semelhante aos métodos tradicionais, mas com a diferença de que são utilizados scanners e dados

3D no processo de fabrico e, com base nestes dados 3D, o molde principal é feito e processado. Após o processamento do código CAD, os dados são enviados para tornos (fresadoras) para serem torneados. A terceira categoria: a produção de próteses dentárias com a ajuda de computadores. Neste método, um molde é feito a partir da boca do paciente da forma tradicional, e a amostra do molde (molde de gesso) é digitalizada no laboratório de próteses dentárias, e finalmente enviada para o laboratório através da Internet; Depois de a prótese dentária ser feita, é enviada para o médico. (A produção é concentrada no laboratório)

Aplicações dos códigos dentários

A compra do equipamento no domínio da Codecam ajuda em muitos dos planos de tratamento dos médicos. De facto, os códigos dentários fizeram com que muitos dos antigos métodos de tratamento passassem a ser menos utilizados. Desta forma, os processos de tratamento são implementados de forma menos invasiva e, ao mesmo tempo, mais simples e rápida, o que, para além dos médicos e dos pacientes, também os fará sentir mais satisfeitos. Ao equipar o seu consultório com equipamento Kodak, todos os tipos de planos de tratamento serão fáceis para si; Tipos de próteses dentárias Ortodontia Desenho do sorriso Inlays e onlays cerâmicos Próteses de implantes Pilares de implantes Guia cirúrgico Laminado e...

Pequenos passos da medicina dentária

Uma das razões que aumentou a utilização da codecam dentária é a facilidade de utilização e, claro, a elevada precisão do equipamento deste sistema. Em geral, a utilização da tecnologia codec em qualquer processo de tratamento tem três fases diferentes. Primeira etapa: digitalização dentária A primeira etapa da utilização da tecnologia CAD/CAM é a digitalização do dente ou do maxilar. Nesta fase, dependendo do tipo de tratamento, o dentista deve digitalizar os dentes utilizando scanners muito potentes e avançados que existem. A digitalização pelo dentista deve ser feita a partir da parte que necessita de tratamento; para que não haja nenhuma parte extra na versão digitalizada. A digitalização dentária pode ser efectuada através dos dois métodos seguintes. Digitalização direta sobre os dentes Digitalização indireta; É feita a modelação do dente Segundo passo: Desenho CAD Após a digitalização, é altura de passar à parte do desenho. De facto, depois de terminado o processo de digitalização, o CAD começará a utilizar software como o Exocad e o 3shape. Desta forma, o software efectua o trabalho de reparação e desenho da imagem digitalizada. A parte do desenho será efectuada de acordo com o tipo de tratamento. Terceira etapa: fabrico com CAM A última etapa é o processo CAM. Após a conclusão do desenho através do software, o ficheiro final é enviado para as máquinas especiais do laboratório. De seguida, a máquina cria o molde final utilizando as rebarbas que possui durante o processo de redução. Finalmente, o molde final será enviado para o consultório do dentista para ser utilizado pelo paciente

Vantagens e desvantagens da utilização do CAD/CAM

Nesta altura, já se apercebeu certamente da utilização e das vantagens importantes da tecnologia CAD/CAM. Mas se quisermos ter um olhar detalhado e abrangente sobre as vantagens da medicina dentária Codecam, podemos apontar coisas como: aumento da qualidade das restaurações e do seu aspeto natural, precisão e alta velocidade. A presença de uma máquina de torno no consultório significa que o paciente pode efetuar reparações permanentes no mesmo dia em que visita o consultório, pelo que o paciente não necessita de uma cobertura temporária e só recebe anestesia uma vez. A moldagem da forma habitual é muito morosa e o doente tem de ir ao consultório pelo menos 3 vezes e passar por um processo moroso e dispendioso. Entretanto, ao utilizar o sistema de codecam dentária, pode completar o trabalho do paciente em cerca de uma a duas horas! São realmente muito diferentes. Outra vantagem da codecam dentária é o armazenamento de dados e informações do doente no espaço do sistema. Devido à falta de espaço no ambiente do consultório, é praticamente impossível armazenar amostras de gesso. Entretanto, com uma digitalização 3D, pode facilmente guardar os dados na sua pen drive ou disco rígido e utilizá-los em futuras visitas do paciente. Desta forma, poupa-se tempo e dinheiro aos pacientes. Para além das vantagens existentes, a tecnologia CAD/CAM também tem desvantagens. Naturalmente, muitas das desvantagens foram-se atenuando e desaparecendo ao longo do tempo devido ao desenvolvimento da tecnologia. No entanto, devido à flutuação da taxa de câmbio e às sanções, o preço dos materiais e do equipamento no domínio do Codecom é muito elevado; por este motivo, o custo do tratamento para os candidatos também aumenta.

O campo da medicina dentária digital está sempre a crescer. Mas os métodos tradicionais continuam a ser utilizados para diferentes tratamentos. A tecnologia Codecam CAD/CAM tornou possível aumentar a exatidão do tratamento dentário e proporcionar mais satisfação aos candidatos. Muitos dentistas tentam melhorar a qualidade e a rapidez do seu processo de trabalho, equipando o seu consultório com o sistema Codecam e entrando no mundo digital, mas necessitam de aconselhamento básico e correto antes da compra. A este respeito, os nossos especialistas e engenheiros experientes do departamento de apoio e vendas estarão prontos a responder e a servi-lo.

Design responsivo assistido por computador

O design assistido por computador reativo (também abreviado simplesmente para design reativo) é um método de design assistido por computador (CAD) que utiliza sensores e dados do mundo real para modificar um modelo de computador tridimensional (3D). O conceito está relacionado com os sistemas ciber-físicos através da confusão entre os mundos virtual e físico, mas aplica-se especificamente à conceção digital inicial de um objeto antes da produção. O processo começa com um designer que cria um desenho inicial de um objeto utilizando software CAD com relações paramétricas ou algorítmicas. Estas relações são depois ligadas a sensores físicos, que lhes permitem aplicar alterações ao modelo CAD dentro de parâmetros definidos. As razões para permitir que os sensores modifiquem um modelo CAD incluem a personalização de um design para se adaptar ao corpo do utilizador (antropometria), ajudar alguém sem conhecimentos de CAD a personalizar um design ou automatizar parte de um processo de design iterativo semelhante ao Design is productive. Depois de os sensores terem influenciado o design, este pode ser produzido como uma peça de utilização única utilizando uma tecnologia de fabrico digital ou ser desenvolvido por um designer. A conceção computacional reactiva é possibilitada pela computação omnipresente e pela Internet das Coisas, conceitos que descrevem a capacidade dos objectos do quotidiano para incorporar tecnologias de computação e de deteção. É também possibilitado pela capacidade de fabricar diretamente objectos descartáveis a partir de dados digitais, utilizando tecnologias como a impressão 3D e máquinas de controlo numérico computacional (CNC). Estas tecnologias de fabrico digital permitem a personalização e são motores do fenómeno da personalização em massa. Também proporcionam novas oportunidades para o envolvimento dos consumidores no processo de conceção, como o design participativo. À medida que estes conceitos se tornam mais completos, o design reativo apresenta uma oportunidade para reduzir a dependência da interface gráfica do utilizador (GUI), que está a emergir como a única forma de os designers e consumidores conceberem produtos, o que está de acordo com a afirmação de Golden Krishna de que "o melhor design reduz o trabalho. O melhor computador é invisível". . A melhor interação é natural. A melhor interface é não ter interface". O apelo à redução da dependência das interfaces gráficas do utilizador e à automatização de alguns processos de conceção está em sintonia com a visão central de Mark Weiser da computação omnipresente.

Atualmente, o papel do CAD na produção de vestuário inteligente não está escondido de ninguém. O desenvolvimento de vestuário inteligente é um domínio relativamente novo e promissor. O design assistido por computador (CAD) é uma ferramenta poderosa para resolver problemas no processo de design. O CAD tornou-se uma parte essencial do design e do fabrico de vestuário porque pode resolver desafios complexos que são difíceis ou impossíveis com os métodos tradicionais. O mundo do fabrico está em constante mudança. Há novas tecnologias, materiais e processos a dominar e nem sempre é fácil acompanhar as últimas tendências. Quando se trata de negócios e fabrico, algumas tendências demoram mais tempo a mudar e a crescer do que outras. Uma das tendências mais interessantes atualmente é o papel crescente da AM nos negócios e no fabrico.

O CAD é utilizado há já algum tempo na indústria do vestuário. Trata-se de um software que permite criar o conjunto perfeito. É a tecnologia que lhe permite produzir camisas e vestuário personalizados e é o software que lhe permite criar vestuário inteligente. Esta publicação analisa o papel do software CAD na conceção e produção de vestuário inteligente. Também analisaremos alguns dos problemas que os designers enfrentam neste domínio.

O que é o vestuário inteligente?

Para começar, o vestuário inteligente é qualquer tecido ou vestuário que seja melhorado com componentes electrónicos. Pode ser qualquer coisa, desde uma camisa com sensores incorporados a calças que carregam o telemóvel quando o colocamos no bolso.

Tecnologia de vestuário inteligente

Um dos desafios da conceção de vestuário inteligente é o facto de ser difícil integrar componentes electrónicos nos têxteis. A maioria dos tecidos tradicionais não tem a flexibilidade e a capacidade necessárias para a eletrónica. Mesmo quando isso é feito, outras questões como a humidade ou a abrasão podem causar problemas de desempenho.

O software CAD oferece soluções através de ferramentas de simulação que permitem aos designers criar protótipos sem incorporar qualquer tecnologia antes de os testar em amostras reais. Isto significa que podem resolver as complexidades antes de afectarem recursos dispendiosos como tempo, mão de obra, materiais e maquinaria à produção. As ferramentas de simulação permitem levar uma ideia do conceito à criação de protótipos sem sair da secretária.

O que é o software CAD?

O software de desenho assistido por computador ou CAD é uma classe de ferramentas que permite aos utilizadores criar e editar ficheiros de desenho. Estes desenhos podem ser qualquer coisa, desde projectos a esquemas de construção.

Os designers utilizam o CAD porque torna o processo mais rápido, mais exato, mais barato e mais acessível do que os métodos tradicionais, como os esboços em papel. Também permite uma colaboração fácil com outros membros da equipa, o que acelera ainda mais o ciclo de conceção.

Como é que o CAD funciona?

Fazer corresponder um desenho CAD a um processo de fabrico requer um bom conjunto de ferramentas. O software em si é, na sua maior parte, bastante simples. Permite-lhe colocar vários objectos CAD, tais como linhas, imagens, símbolos ou texto e, em seguida, definir as suas dimensões e notas. Mas, para além do próprio software, são necessárias várias outras ferramentas e tecnologias. Por exemplo, uma saída de alta qualidade de um bom sistema informático pode ajudar a determinar a localização de vários componentes numa peça de vestuário e, em seguida, gerar as instruções necessárias para a confeção dessa peça.

Para atingir este objetivo, um sistema informático tem de interpretar rapidamente os fotogramas de vídeo, identificar os componentes nesses fotogramas e, em seguida, determinar a localização e as dimensões desses componentes no ecrã do computador. Nalguns casos, um fabricante pode também necessitar de um operador humano para verificar os resultados do seu computador.

Embora o CAD possa ser utilizado para produzir qualquer peça de vestuário, é mais frequentemente utilizado para ajudar os fabricantes a produzir casacos, vestidos e outras peças de vestuário para homens e mulheres. A principal vantagem dos fabricantes que utilizam esta tecnologia é o facto de poderem tirar partido de muitas funcionalidades que incluem a criação de maquetas de desenhos, a simulação do processo de produção e a validação do processo de produção.

O que é que o CAD tem para oferecer aos designers de vestuário inteligentes?

A principal vantagem das soluções de engenharia de ajuste baseadas em software é que permitem criar maquetas dos seus projectos, simular o processo de fabrico e validar o processo de fabrico. Isto pode ser feito facilmente numa solução baseada em software, e é muito preciso em comparação com as demoradas maquetas físicas. É também muito mais rápido e, por conseguinte, poupa-lhe tempo e dinheiro. Por exemplo, digamos que quer fazer uma nova camisa e determinar o seu ajuste. Pode criar uma maquete num software de design de moda, por exemplo, utilizando um modelo. Depois, pode simular o processo de fabrico desta camisa com o seu software. Pode demorar algumas horas a concluir este processo, mas também pode utilizar o seu software para simular o processo de confeção de 1000 camisas. Este método é muito preciso e permite-lhe criar uma réplica exacta da camisa que pretende produzir. Sabe se o design é adequado para os seus clientes e pode fazer todos os ajustes antes de a t-shirt ser feita.

Como utilizar o CAD

Uma das principais vantagens da utilização de software de desenho CAD é o facto de ser fácil de aprender. É uma boa ideia ter um conhecimento básico de engenharia e CAD antes de começar a desenhar. Se quiser começar a utilizar soluções de engenharia de ajuste baseadas em software, existem alguns cursos online gratuitos disponíveis. Muitas soluções de software têm tutoriais ou guias que o orientam nas noções básicas de utilização do software.

O que espera de uma solução de engenharia de ajuste baseada em software?

As soluções de engenharia de ajuste baseadas em software podem ajudar a determinar o ajuste de um desenho e a validar o processo de fabrico. A última vantagem importante é a utilização de uma solução baseada em software para simular o processo de produção. Este software é útil se quiser testar novos designs e certificar-se de que se adaptam aos seus clientes.

Por último, as soluções CAD podem ser utilizadas para criar maquetas dos seus desenhos, simular o processo de fabrico e validar o processo de fabrico. Existem muitos tipos diferentes de software CAD disponíveis e podem ser utilizados para ajudar os fabricantes a criar casacos, vestidos e outras peças de vestuário para homens e mulheres.

CAD e computação gráfica

Muitas empresas utilizam atualmente a computação gráfica no seu processo de desenvolvimento de produtos. O vestuário inteligente vai um pouco mais longe, integrando a eletrónica nos têxteis em vez de funcionar separadamente, como acontece em muitos produtos actuais. A computação gráfica e a tecnologia CAD têm sido utilizadas na indústria da moda há anos, especialmente na criação de modelos, na classificação e na criação de marcadores. Mas agora, os designers estão a utilizá-la para fazer protótipos de vestuário inteligente antes de fazer um protótipo.

Todo o tipo de roupa inteligente feita com software CAD

Existem muitos tipos diferentes de vestuário inteligente concebido em CAD. Eis apenas alguns exemplos: exoesqueleto médico; Estes dispositivos robóticos vestíveis podem ajudar as pessoas que necessitam de apoio ortopédico ou que têm mobilidade limitada a andar, sentar-se e até ficar de pé sem assistência. pernas de carregamento; Este modelo utiliza tecidos condutores que permitem que o calor do corpo do utilizador seja convertido em energia eléctrica e carregue o telemóvel enquanto caminha! dispositivos de computação; O Google Glass é a primeira tentativa nesta categoria, mas agora existem muitos outros como o Apple Watch e o Fitbit. monitorização do vestuário; O fato recolhe dados sobre as condições ambientais, como a temperatura ou a qualidade do ar, para utilização em estudos de investigação.

Desafios de conceção

A conceção de vestuário já é difícil, se não se tiver cuidado com as escolhas de conceção desde o primeiro dia, a adição de eletrónica pode torná-la ainda mais complicada. A conceção de vestuário inteligente requer muitas tentativas e erros. Em muitos casos, nem todos os protótipos funcionam na perfeição à primeira. O acesso fácil a amostras e maquetas de produtos é essencial para testes rápidos sem necessidade de investir em maquinaria ou materiais dispendiosos que poderão nunca mais ser utilizados.

Outros desafios da conceção de vestuário inteligente

Surgem vários problemas quando se desenha com têxteis: Durabilidade Peso e manutenção Flexibilidade da interface Opções de alimentação Cor (frequentemente esquecida) A utilização do software correto pode ajudar a reduzir muitos destes desafios.

Software CAD no vestuário inteligente

As vantagens da utilização de software de desenho assistido por computador na indústria do vestuário tornam-se evidentes quando se olha para o que acontece sem ele. Muitos designers de moda esboçam as suas ideias no papel e esperam que funcionem no mundo real. Este processo é moroso e ineficaz, uma vez que pode haver dezenas de erros que só são descobertos depois de iniciada a produção e cuja correção se torna mais dispendiosa. Estas disposições aumentam o desperdício, o que significa mais custos. Em vez disso, o software CAD permite a criação rápida de protótipos, pelo que as falhas de conceção são detectadas mais cedo. Os fabricantes podem então ajustar o projeto em resposta ao feedback, resultando em menos erros e produtos de melhor qualidade.

Isto é especialmente relevante para o vestuário inteligente, uma vez que a sua eletrónica está frequentemente escondida no forro ou debaixo dos botões. Fazer alterações após o início da produção será muito moroso e dispendioso. O software CAD também facilita a colaboração com fabricantes de todo o mundo, mesmo que não fale fluentemente a sua língua. Já não precisa de gastar em viagens

despesas (ou perder horas do seu tempo) para comunicar através de desenhos ou fotografias. Com os ficheiros CAD traduzidos em diferentes línguas, os problemas de comunicação tornam-se uma coisa do passado.

Tornar o CAD parte do processo de conceção

Com base nisto, é fácil perceber porque é que o software de design de moda é uma parte importante do processo de design de vestuário inteligente. A velocidade e a eficiência com que pode iterar os seus designs significa que cometerá menos erros na produção, poupando tempo e dinheiro. Em suma, os designers utilizam software CAD porque este lhes fornece tudo o que precisam para criar e produzir vestuário inteligente de alta qualidade. Isto ajuda a acelerar o processo de conceção, o que reduz o tempo e os custos, aumentando simultaneamente o controlo de qualidade. O CAD pode ser utilizado em qualquer fase, desde a criação de protótipos até à produção, mas é essencial nas fases iniciais do design. Com este tipo de software, os designers podem criar produtos melhores, com melhor desempenho e, ao mesmo tempo, com um ótimo aspeto!

Vestuário inteligente e quota de mercado crescente

Há uma procura crescente de vestuário inteligente, o que significa que há dinheiro a ganhar na indústria. Estima-se que este mercado ronde os 60 mil milhões de dólares até 2024, pelo que faz sentido pensar em como se pode encaixar neste quadro agora. Os designers que têm experiência de trabalho com software CAD terão uma vantagem sobre os outros, uma vez que podem iterar rapidamente os designs, o que os ajuda a manter uma vantagem competitiva. Isto também os diferencia dos designers sem acesso a ferramentas de design. Quando chegar a altura de produzir os seus produtos, os designers tradicionais terão ainda mais dificuldades do que o habitual, porque as alterações serão incrivelmente dispendiosas. É por isso que precisa de software CAD no seu arsenal de design se quiser ter alguma hipótese de sucesso na indústria de vestuário inteligente. Ajuda-o a construir e a manter uma vantagem competitiva mais rapidamente, independentemente do que aconteça a seguir.

Vantagens da utilização de CAD no processo de produção de vestuário inteligente

A utilização do CAD no processo de produção inclui o aumento da eficiência e da rentabilidade e a redução dos desperdícios.

Prototipagem com CAD

Uma das utilizações mais importantes do CAD no fabrico é a criação de protótipos. Com o CAD, os projectistas podem criar um modelo virtual do produto antes de este ser fabricado. Isto significa que podem testar a viabilidade do produto e efetuar as alterações necessárias antes da produção.

O CAD também é utilizado para conceber produtos que sejam fáceis de fabricar. Quando um produto é concebido tendo em conta a capacidade de fabrico, é mais fácil de fabricar e tem menos erros. Utilizar o CAD para criar protótipos e projetar para a capacidade de fabrico são apenas duas formas de este software beneficiar o processo de fabrico.

O futuro do CAD e a forma como pode ser utilizado no vestuário inteligente é empolgante. Há muitas vantagens potenciais no fabrico com modelos 3D. Estas incluem: Criar designs de tecidos personalizados e outros têxteis com facilidade Personalizar o aspeto e o ajuste de uma peça de vestuário para criar um design personalizado Eliminar a necessidade de pontos e doses chatas Fazer alterações a uma peça de vestuário no mesmo ambiente de software CAD O CAD no futuro da produção e dos negócios À medida que começamos a abraçar a ideia de vestuário inteligente, devemos considerar como esta tendência afectará o mundo dos negócios. A modelação digital permite às empresas e aos consumidores conceber e fabricar vestuário personalizado, adaptado às necessidades individuais. Por outras palavras, as roupas inteligentes com modelos digitais permitem que as pessoas façam as suas próprias roupas em vez de usarem roupas de outras pessoas. Também permite que as pessoas concebam e criem artigos personalizados, como mobiliário personalizado, brinquedos e outros acessórios para a casa.

<u>**Resultado**</u>

Os fabricantes que utilizam CAD para criar os seus moldes aumentam
drasticamente a eficiência e a rentabilidade. Isto permite-lhes produzir peças de
vestuário de melhor qualidade e eliminar o risco de danos ou defeitos. Isto permite-
lhes concentrar mais tempo e energia no processo de conceção, em vez de se
preocuparem com a forma como as suas peças de vestuário são produzidas,
permitindo-lhes produzir peças de vestuário de melhor qualidade, eliminando o
risco de danos ou defeitos e desenhar no local. para mudar Também verão uma
maior rentabilidade ao eliminarem a necessidade de produzir amostras físicas. Isto
deve-se ao facto de poderem testar as suas criações antes de as construírem no
mundo virtual.

Referência

Aydin Salimi Asl, Maqsood Shalondi.(Year 2019).Computer-aided design and construction, Publications: Payam Noor University Publications[1].

Mohammad Hossein Sadeghi, Ehsan Shakuri.(Year 2014). **computer aided construction**, Print 4, Publishers: Abed, Mehrgan Qalam.[2].

Mohammad Sadeghi.(Year 2015). <<Computer aided design and manufacturing (CAD/CAM)>>, Internal magazine,[3].

Mohsen Lotfi, Ruhollah Talebi Tuti.(Year 2011). Abaqus software, Publisher: Dibagaran Cultural and Art Institute of Tehran.[4].

A comprehensive and practical guide to technical and engineering software solid edge tm, Publisher: Institute of Iran.[5].

O nome do livro:

Familiaridade com o conceito de conceção e construção assistidas por computador (CAD-CAM)

Nome do primeiro autor:

Shadi zeinali

Nome do segundo autor:

Masoud sheikhi

Ano de lançamento: 2024

Printed by Books on Demand GmbH, Norderstedt / Germany